さよなら！　僕らのソニー◎目次

第一章　僕らのソニー

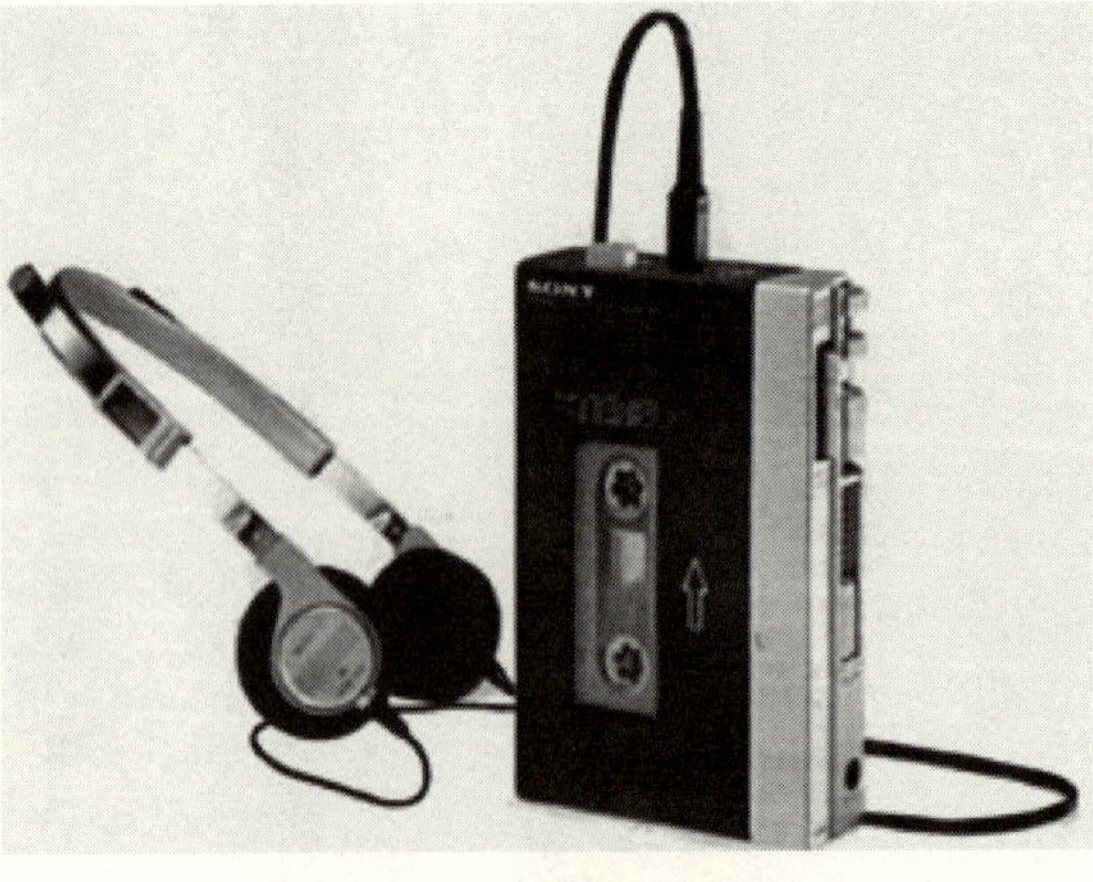

ウォークマン初期型（1979年）

ソニー製品との出会い

私が初めてソニー製品を買ってもらったのは、昭和三十六（一九六一）年か昭和三十七年ころ、小学校の高学年の時だったと思う。

朗読の発表会があったのか、それとも弁論大会みたいなものがあったからなのか、もう記憶は定かではないが、毎日、音読を繰り返しては母親に感想を聞いていたことを覚えている。そんなとき、父親が「学校の勉強のため」ならと、テープレコーダーを買ってやるという話になった。

ある日、帰宅すると、自宅に五インチテープのオープンリール型テープレコーダーが数台置いてあった。どうやら、この中から自分が欲しいものを選べということのようであった。とりあえず聴き比べはしたものの、じつは私には、ひと目見たときから「これだ」と決めていた製品があった。それはコンパクトにまとまった洒落たデザイン、明るいベージュのボディ・カラー、そして決め手となった「ＳＯＮＹ」のロゴマークが付いたテープレコーダーである。

私が指さすと、父親はやや安堵の表情を浮かべた。そして力強く「やはり、ソニーは音が断然いいからな」とつぶやいたのだった。微妙な音の良し悪しなど分かるはずもない小

学生の私に選択させたことを、きっと不安におもっていたのであろう。父親の言葉を受けて、同席していた電気店の店主も「ソニー（製品）を買われたら、まず間違いはありませんん。後悔はさせません」と購入を勧めた。もはやその場の雰囲気は、ソニー製品以外の選択は考えられないというものに変わっていた。

その時の私はといえば、ただただ「ＳＯＮＹ」のマークに不思議な魅力を感じ、何かわくわくさせられたから選んだに過ぎなかった。その本当の理由を、その場で言うことは何となく憚られた。いずれにせよ、私が「ソニーのテープレコーダーが欲しい」と強く願ったことは間違いなかった。

「高性能・高機能・高品質」

しかしいざ購入すると、肝心の「勉強のため」よりもそれ以外で活用することのほうが、はるかに多かった。私は、テレビの音楽番組やラジオから流れるメロディーを録音することに熱中した。もちろん、録音状態は良くなかったが、それでも「いつでも好きな時に」自分のお気に入りの曲を聴けることは何事にも代え難かった。

初めて自分のお金でソニー製品を買ったのは、私が高校三年生の時だった。ＮＨＫがＦ

M放送の試験放送を始めていた頃で、私は雑音が混じるAMラジオではなく、音が奇麗だと評判だったFMラジオで音楽をどうしても聴きたいと思った。お年玉や親戚から貰ったお小遣いなどを貯めたお金を持って、私は兄と二人で隣町のソニーショップへ出かけた。文系の私と違って、自分でラジオの組み立てなどができる理系の兄に値引き交渉をしてもらうためだった。

ソニー製品は、全般的に他社製品と比べて価格が高かった。それでも「高性能・高機能・高品質」でデザインも斬新だったため、売れていた。だから、店も強気でなかなか値引きをしてくれない。当時、家電製品の価格はメーカーが決めていた。「定価」と呼ばれた価格から、いくら値引きをしてくれるのか――私の関心事は、その一点に尽きた。というのも、同じFMラジオでも他社製なら二割、三割と値引きしてくれても、ソニー製では一割がやっとだったからだ。

それでも値引きしてくれただけでも御の字と思ったほうがいいというのが、兄の説明だった。しかしこのとき、兄のおかげで一割五分の割引に成功した。私はすごく得をした気分になったことをいまでも覚えている。

「音のＳＯＮＹ」

次に、自分のお金でソニー製品を購入したのは、地元の大学に通っていた大学三年生の頃である。お目当ては、ラジカセだった。ＮＨＫや民放のＦＭ局がシングル曲だけでなくアルバム全曲、あるいはライブ中継（録音）を流していたので、それを録音する「ＦＭエアチェック」が流行っていた。ラジカセは、オーディオセットがなくてもＦＭ録音が出来る手軽な音楽機器であった。

ただし、問題がひとつあった。

それは、ラジカセではＦＭラジオから録音した音質が原音に比べて著しく劣化することである。そんなラジカセにあって、劣化が一番少なく原音にもっとも近く録音再生できたのが、ソニー製であった。私が欲しかったラジカセは、当時、約四万円もした。百貨店のアルバイト代が一日八百円から九百円だった時代だから、四万円は学生だった私にとって、まさしく高嶺の花であった。

他方、生家では、テレビや冷蔵庫、洗濯機、クーラーなどの家電製品はナショナル製（現・パナソニック）で埋まっていた。私にとって、ソニー製品はあくまでも「音のＳＯＮＹ」に限られていたのである。

それに中学三年生から就職するまで、どういう理由か忘れたが、私はテレビをほとんど見なかった。そのため、ソニーのトリニトロン・カラーテレビの映像の美しさに驚嘆させられるのは、ずっと後になってからである。一九九七年に発売し大ヒット商品となるブラウン管式平面テレビ「WEGA（ベガ）」が、私が初めて見たトリニトロン・カラーテレビである。いま我が家の居間には、ソニーの液晶テレビ「BRAVIA（ブラビア）」が置いてある。

就職するまでの私にとって、ソニー製品は憧れであり、厳密な意味でいつもクォリティを確かめて買っていたわけではなかった。なにしろオーディオ関係は、ソニー製品しか買わなくなっていたため、他社製品と比較することがなくなっていたからだ。

「ソニーにしとけっ」

経済誌を発行する小さな出版社に就職したとき、編集部の先輩からの最初のアドバイスは、「取材用の録音機はソニー（製）にしとけ」だった。そのとき、私は軽い反発を覚えた。というのも、音質の良い音楽を録音するなら、たしかにソニーのテープレコーダーがよいかもしれないが、人間の声を録音するのだから、どこかの安物でいいだろうぐらいに

考えていたからだ。

「ソニー（製）は高いですから、A社の安いヤツでもいいんじゃないですか」

そう異論を唱えると、すぐに叱責の声が飛んできた。

「何を考えている。もし取材のとき、A社のものを使ってトラブルが起こり、録音されていなかったらどうする。きっと、ソニー製にしておけば良かったと後悔するぞ。そうしないためにも、ソニーにしとけっと言っているんだ」

さらに私は、反論した。

「ソニーのテープレコーダーでも故障するでしょう。絶対に故障しないとは、言えないのですから、同じじゃないんですか」

「バカだな。ソニー（製）なら諦めがつくだろうが。一番品質がいいソニー（製）で故障したのだから、仕方がないと。他社のなら、後悔するだろう」

そのとき、私は改めてソニー製品に対する信頼の高さ、そしてSONYブランドの強さを思い知らされたのだった。

とはいえ、当時の私はソニー製品には愛着もあったし、大好きだったが、ソニーという会社それ自体にはほとんど関心がなかった。創業者についてもよく知らなかったし、戦後、

急成長した家電メーカーであるという知識ぐらいしか持ち合わせていなかった。

ただ、仕事柄、大手企業や有名企業をまったく知らないというわけにはいかなかったので、そのうち自然と「常識」程度は身に付くようになった。その過程で私は、どうやらソニーは「普通の」日本企業とは違うようだと思うようになった。

はためく「日の丸」

そのキッカケとなったのが、偶然テレビで見た、あるドキュメンタリー番組の一シーンだった。

ニューヨークの中心であるマンハッタンの目抜き通り、フィフス・アベニュー（五番街）にソニーは一九六二年、ショールームを開設した。オープニングセレモニーが行われた十月一日には、ニューヨーク総領事を始め著名人や関係者など四百名が招待され、賑やかなうちに終わったという。その後も、ショールームには多くの一般来店客が押しかけ、百七十平方メートル程度のショールームは賑わうことになった。

しかし私をテレビ画面にクギ付けにしたのは、賑わうショールームそのものではなく正面玄関の上にたなびく日章旗の映像だった。通りから正面玄関に向かって、右手に日章旗

が、左手には米国の星条旗が掲げてあった。

番組では、はためく「日の丸」の旗を見た時の印象を、当時の日本企業の駐在員などにインタビューしていた。彼らは感慨深げに回想しながら、時には目頭を熱くして「アメリカの中心で、はためく日の丸の旗を見て、どれほど勇気づけられたことか」と異口同音に語っていた。

そのとき、私は彼らの姿に違和感を覚えた。たしかに、海外で「日の丸」の旗に出会った時など、何となく安堵した気分になった経験は私にもある。しかし「勇気づけられた」というのは、いくら何でも大袈裟ではないかと思ったのだ。

どうしてそんな気持に彼らがなったのか、私は気になって少し調べてみた。

すると、当時の時代的な背景も一因となっていたことが分かった。終戦から十七年を経ていたとはいえ、米国内の反日感情にはまだまだ根強いものがあり、現地で働く日本人駐在員などにとって、堂々と日本を語り、日本人であることを誇示することが憚られた時代でもあったのだ。それゆえ、ソニーのショールームに日章旗が掲げられたのも、じつはオープンから九カ月ほど後のことであった
そのような時代背景を考慮すれば、ニューヨークの中心で日章旗がへんぽんとはためく

情景を見た日本人が感動し、胸を熱くしたとしても当然だろうと思い直した。むしろ、東芝や日立といった戦前からの名の通った大企業ではなく、当時は零細メーカーのソニーが日章旗を果敢にも掲げたことは特筆されるべきかもしれない。

盛田昭夫の「夢」

ショールームのオープニングにやや遅れたものの、日章旗の掲揚を決断したのは、創業者の盛田昭夫氏だった。しかしショールームの支配人は当初、日章旗を掲げたら何らかの敵意ある反応が返ってくるのではないかとたいへん危惧したという。

そのような危惧に対し、盛田氏はこう言って反論した。

「ここは、日本の会社だよ。オレも君たちも日本の代表なんだ。われわれは、日の丸に恥じないことをやるために、国旗を出す（掲揚する）んだよ」

のちに盛田氏は、日章旗掲揚の理由をこう語っている。

《とにかく最初に（米国へ——筆者註）行ったとき、日本の物といえば安物ばっかりで、メイド・イン・ジャパンのイメージが非常に悪かった。これではとてもわれわれの商売はできない、われわれは特殊ないい物を持って行かなきゃ商売にならないと思ったわけです。

（中略）東京通信工業という名前では通らないからソニーという名前を考え、アメリカで会社（現地法人の販売会社「ソニーアメリカ」――筆者註）を作った。今のフィフス・アヴェニューというのは随分変わりましたけど、あのころはアメリカの中心でした。流行とショッピングの。私は行くたびに歩いて見たんだが、道に並んだビルから何本も旗が出ている。アメリカ国旗ばかりではなく、いろんな国の旗がね。ところが、いくら歩いても日本のは一つもない。で、何とかしてフィフス・アヴェニューに日章旗をというのが私の第二の願望でしたから、一所懸命場所を探して四十七丁目にショールームを開設し、そこへ初めて日の丸を掲げたわけです》（日航機内誌「ウインズ」、一九七九年秋季号。傍線、筆者）

「安かろう、悪かろう」の日本製品のイメージを変えたい、ソニーの高品質な製品で日本の存在感を高めたい、そしてニューヨークの中心で日の丸の旗を掲げることで、それをアピールしたいという盛田氏の「夢」は、焦土と化した日本を一日も早く復興したいと頑張ってきた日本及び日本人、とくに海外で仕事をする日本人ビジネスマンにとっても、実現したい共通の「願い」だったに違いない。

もちろん、「日本の代表」「日の丸に恥じない事をやる」といった盛田氏の志の高さ、その発言にウソはないだろう。しかし意気込みだけで、米国進出やショールームの開設、日

章旗の掲揚を決断したわけではあるまい。他方では、そうせざるを得ない環境が、当時のソニーにはあったのではないか。

アメリカ進出が急務

ソニーは、戦後間もない一九四六年五月、東京通信工業として設立された。創業者は、十三歳も年の離れた三十八歳の井深大《いぶかまさる》氏と二十五歳の盛田昭夫氏の二人である。戦後生まれのベンチャー企業と言えば聞こえは良いが、実態は総勢二十名ほどの町工場にすぎなかった。ただし二人の創業者の志は高く、会社設立の目的は何よりも時代に先駆けた独創的な新製品の開発にあった。

事実、会社設立から四年後、日本初のテープレコーダー（G型）の発売を皮切りに、日本初のトランジスタ・ラジオ、世界初のトランジスタ・テレビ、世界初のトランジスタVTR（録画再生機）、世界初の五型マイクロテレビといった「日本初」や「世界初」を冠に頂く新製品を市場に送り続けた。

このような先進的な製品開発の精神は、もうひとりの創業者、井深大氏をルーツに持つものだ。のちに、ソニースピリットと呼ばれるもの作りの精神は、井深氏の「人真似はし

ない」「他人のやらないことをやる」というDNAを指したものだと言っていい。

しかしそれらは、画期的な新製品であるがゆえ、高価格にならざるを得なかった。たとえば、一般消費者向けの家電商品であるトランジスタ・ラジオでさえ、大学卒の初任給が八千円程度の時代に一万円を超えたほどである。ソニーの先端を行く独創的で高価格な製品を受け入れられる市場は、一足先に電化時代を迎えていた「豊かな国・アメリカ」しかなかった。つまりソニーにとって、米国進出は急務だったと言える。

また当時の日本の消費者にとって、東芝や日立といった大手電機メーカーのブランド力は強く、ソニーが立ち向かえる相手ではなかった。一方、総合家電メーカーの松下電器産業（現・パナソニック）は着々と強力な販売網を築きつつあり、系列の家電店は五万店を数えるまでになっていた。

そのような状況下では、たとえソニーが画期的な製品を売り出したとしても、一般消費者の目や手に触れられる可能性はかなり低かったと言わざるを得ない。

その点、米国は優れた製品さえ作れば、正当に評価するお国柄だったので、中小企業に過ぎないソニーにとっても勝算はあった。しかも米国での成功は、確実に日本での再評価にも繋がった。ペリーの黒船来航以来、「外圧」に弱いのは政府だけではない。産業界も

同じである。いわゆる「ブーメラン効果」を、ソニーは狙ったのである。

他の日本企業とはちょっと違う

ブーメラン効果は、盛田氏自身もこう認めている。

《戦後はアメリカの影響力というものが世界中に強くて、アメリカで一つの評価を確立すれば、これは世界中にひろがると、そういう気持もありましたから、まずアメリカへと……。(中略)アメリカ人が「ソニー」と言ってくれれば、それが自然に世界中に流れて行くということで、まあ一つの戦略としては成功したと思います。トランジスタ・ラジオの代名詞がソニーということになりましたからね》(前掲誌より)

私が改めて思ったのは、井深・盛田両氏に率いられたソニーが目指す方向、進むべきベクトルと戦後復興を歩み出した日本のベクトルが、同じだったということである。つまりソニーの「夢」や「理想」は、その意味では、日本及び日本人のそれらと同じだったのである。このことが、私に「どうやら、ソニーは他の日本企業とはちょっと違うのではないか」と思わせたものである。

それでもなお私はこの「日の丸」の旗の話を、一介の町工場から「世界のソニー」へと

発展したサクセス・ストーリーの一部であって、創業期の「いい話」のひとつぐらいにしか考えていなかった。その過ちに気づかされるのは、ソニーの取材を始めてから数年後の一九九八年頃である。それもまた、ちょっとした偶然からであった。

ボストンでの人種差別体験

それは親しくしていた友人が留学から戻ったというので、小宴を開いた時のことである。彼は社内の留学制度を利用して、米国のボストンの大学院（修士課程）で二年間の留学生活を送った。渡米前に留学地がボストンであることを聞いた私は、人種差別の激しい街であることを知っていただけに心配だった。

ボストンは英国からの入植者がいち早く足を踏み入れ、新しく街を作ったところである。街を歩けば、「古き良き米国」を偲ばせる建物が残されている。また、ハーバード大学やマサチューセッツ工科大学（ＭＩＴ）などの有名一流大学の所在地としても名が通っている。ボストン交響楽団の常任指揮者を日本人の小澤征爾氏が務めたこともあり、私は当初、日本や日本人に対して友好的な街ではないかと勝手に思っていた。初めてボストンに取材に訪れたとき、私は事前に「人種差別は南部以上にひどいから、気をつけて下さい」とい

うアドバイスを受けていたにもかかわらず、それは遠い昔の話だろうと思って気にしなかった。

取材を終えた最終日、「せっかくボストンに来たのだから」と取材先の配慮で小澤征爾氏指揮によるボストン交響楽団のコンサートを楽しむことになった。コンサートホール中央に私の席が用意されていた。私の席に行くには、すでに列の端の席に座っている品のいい中年の夫妻の前を通らなければならなかった。私は「イクスキューズ・ミー」と慣れない英語で、前を通してくれるように頼んだ。しかし二人は、傍に立つ私の方を向くことも何らかの返事を返すこともなかった。聞こえないのかと思い、二、三度声をかけたものの、何の反応もなかった。あたかも私が、そこに存在しないかのようだった。

さらに大きな声で言おうとしたところ、同行していた日本の大手家電メーカーの駐在員が「立石さん、少し遠回りになりますが、反対側から行きましょう」と私を促した。そこで私たちは、その場を離れて逆のほうから中央の席に着いた。そのとき、私を無視し続けた品のいい夫妻が白人の男性には、自分の席の前を通していた。

そのとき初めて、私の声が聞こえなかったのではなく、日本人だからシカトされただけなのだと分かった。「これが白人の嫌がらせ、人種差別なのか」とも思ったが、あとでそ

のことを話すと、他の駐在員の人たちから笑われてしまった。

「その程度のことは、日常茶飯事ですよ。そんなことを人種差別だと言って騒いでいたら、もっと大騒ぎしなければならない人種差別のほうが多いですよ」

言ってみれば、私があまりにも世間知らずだっただけの話である。

そしてこんな譬え話をした。

「ボストンの冬は、本当に厳しいです。でも冬のボストンにいるのは黒人と貧しい白人だけで、金持ちは温暖なフロリダへ行っています」

この時の経験によって、私がボストンに抱いていた好印象は、すっかり崩れてしまう。だからこそ、二年もボストンに住んだ友人は、もっとつらい人種差別を受けたのではないかと心配したのである。

「日本人は猿真似ばかり」

その友人によると、留学先での日本人差別には本当に堪えたという。

いつも出席していた講義に「経営学」があった。そこでは、ひとりの「優秀な」白人学生も受講していた。彼は、いつも決まって日本と日本企業を批判した。例えば、「日本人

は猿真似ばかりする。自分でオリジナリティのあるものを生んだことがない」、「日本企業も発明・発見に努力するのではなく、米国や欧州の企業が苦労して考案したアイデアなどをすぐに真似して似たような製品を安く作ることで利益をあげている」、「日本のメーカーは、真似して安く作った製品を売るだけで儲けている」などなど、従来しばしば使われるジャパン・バッシングの文言である。

あまりにも一方的な批判だが、これが米国ではけっこう受けるようだ。無知から来るものだから、それほど気にすることはないと思うのだが、講義に出席するたびに繰り返し言われたら、本当にイヤになるだろうなと思った。友人も一時は、留学先の変更を真剣に考えたほどだったという。

「ソニーは米国のメーカー！」

留学して半年ほど経ったころ、友人が快哉を叫ぶ事件が起きる。

経営学の教室では、白人学生のいつもの日本と日本企業批判が始まった。しかしその日は、批判だけでなく「どんな企業が理想かといえば」と言って、彼が理想とする企業の名前を具体的に挙げたのである。

「米国のメーカーのソニーを見ろ。つねに独創的な製品を市場に送り出しているし、アイデアも独自のもので、他社の真似などしない。こういう企業こそ、日本企業は見習い理想とすべきだ」

その瞬間、友人はここぞとばかりに発言した。

「ソニーは、日本の企業です。アメリカの企業ではありません」

すると白人学生は、「日本人はウソまでつくのか」と声を荒げると、「なんてバカなことを言い出すのだ」と蔑《さげす》みに近い視線を投げつけてきたという。

教室内に張り詰めた空気が流れ、沈黙が支配した。

友人は、孤立した。その白人学生だけでなく、他の同級生たちも冷たい視線を友人に注いだからだ。誰もがソニーをアメリカの企業と信じているようであった。

まもなく担当教授が、口を開いた。

「残念ですが、彼（友人）の言っていることは正しい。ソニーは、日本の企業です」

ようやく友人の「ソニーは日本の企業」という主張が認められ、彼は優秀な白人学生に一矢報いることになった。

その時のことを思い出しながら、友人はしみじみとこう言ったものだ。

「あの時は本当に、ソニーが日本の企業で良かったと思いました。助かった！と。まさか米国まで行って、他社に助けられることになるとは思いもしませんでした。その後、気をつけて見ていると、米国でのＳＯＮＹブランドの強さ、ソニーという会社のプレゼンス（存在感）の高さを再認識させられました。日本にいる時は、それほどＳＯＮＹブランドの強さなんて気にしなかったのですが、海外ではソニーは特別なんだなと。おそらく私と同じような経験、ソニーに救われた日本人は他にもいるんじゃないでしょうか」

日の丸に恥じないことをやる

私はメディアの世界に入って三十年以上になるが、ソニー以外の日本企業で、友人と同じような経験、ソニーが日本企業であることによって他社の社員や日本人を救ったというケースを寡聞にして知らない。その意味では、世界に名の通った日本企業の中でもソニーは、やはり特別な存在なのである。

ニューヨークのショールームに日章旗を掲揚するさい、創業者の盛田昭夫氏が掲げた理由「ここは、日本の会社だよ。オレも君たちも日本の代表なんだ。われわれは、日の丸に恥じないことをやるために、国旗を出す（掲揚する）んだよ」をいま一度思い返すなら、

ソニーが創業者のものではなく一企業の利益のためにでもなく、まさに日本という国、あるいは日本国民のために存在していると盛田氏は言っているのだ。

日本のソニー、日本国民のためのソニー、つまり「僕らのソニー」なのである。ここが他の日本企業との最大の違いと言えるのかもしれない。

「盛田家」全員で米国に暮らす

ところで、ボストンの大学院でソニーを米国の企業と勘違いした白人学生には、多少の同情の余地がある。そう思われてもやむを得ないほど、盛田昭夫氏がソニーの国際化を早くから押し進めてきたからである。

当初、ソニーは米国の代理店を通じて製品を販売していた。その後、現地法人の販売会社「ソニーアメリカ」を立ち上げ、米国の小売店に直接卸し、消費者に販売するようになった。しかし盛田氏は、それでも不十分だと考えた。広大な米国市場で成功するためには、米国で実際に暮らすこと、それも妻子を伴って移り住むことが肝要だと考えたのである。というのも、米国ではビジネス上の付き合いであれ、日常の付き合いであれ、すべて家族単位で考えられ、進められていたからである。つまり盛田氏は、家族全員で米国社会に溶

け込もうとしたのである。

とはいえ、幼い子供三人を含む家族五人全員が当時、日常の英会話にすら不自由するレベルであった。それでも盛田氏は、自分の拙い英語力を駆使しては、日本人として日本企業のトップとして言うべきことは言い、伝えたいことは必死になって訴えた。

そうした盛田氏の姿勢が、自分の意見や考えを持たない人間は尊敬されない米国社会にあって、多くの米国人に受け入れられた最大の要因であろう。ソニー製品の素晴らしさを訴え、安かろう悪かろうの代名詞だった「メイド・イン・ジャパン」のイメージの払拭に努力する盛田氏にとって、それは同時に米国や米国社会を理解することであり、ソニーという企業を米国から、世界から受け入れられるようにすることでもあった。

そうした盛田氏の姿勢は、現地のソニーアメリカの経営でも徹底していた。

「盛田さんは、ひとりでもアメリカ人社員が社内に残っていたら、たとえ幹部であろうが日本人社員には絶対に日本語を使わせませんでした。アメリカ人社員に分からない日本語で日本人社員同士が話していたら、彼らがどう思うか。きっと彼らは、疎外感を味わうと思うんです。盛田さんは、アメリカ人社員と日本人社員がわだかまりなく一緒に働くことが大切だと考えられたのだと思います」

当時のソニーアメリカに勤務していた日本人社員が、盛田氏の思いをこう代弁してくれたことがあった。民族、人種、性別などあらゆる差別的な壁を超えて、実力だけで社員を評価し登用していくことが、ソニーを国際企業にする第一歩だと信じ、実行していたのであろう。

「日本の代表」や「日本の企業」に誇りと責任を持ちながら、同時に進出した国の社会や国民を理解し、溶け込む努力を怠らない――これが、盛田氏の目指した「国際企業」の姿勢ではないか。ならば、米国社会に溶け込んだ「ソニー」を、ボストンの大学院の白人学生が「アメリカの企業」と勘違いするのも無理はない。

当時の盛田氏の米国生活を、同じ創業者の井深大氏もこう評価した。

《アメリカ人ならアメリカ人の気持ち、アメリカ政府の人ならアメリカ政府の立場に立った考え方、商売人なら商売人の捉え方というものを的確につかめるようになった。（中略）だからこそ、強烈な個性と、ソニーにしかできない技術力に裏打ちされた夢のある商品を、二人して次々と世界の市場に送り出すことができたわけである》（井深大著『わが青春譜創造への旅』より）

「僕らのソニー」はどこへゆく

その後もソニーは、たしかに「夢のある商品」を市場へ送り出し続けてきた。

他社が採用したシャドーマスク式よりも高画質なトリニトロン・カラーテレビ、VHS方式との規格統一戦争には敗れたものの、いち早く発売したベータ方式の家庭用VTR「ベータマックス」、それまで室内でしか音楽が楽しめなかったライフスタイルを変えた携帯オーディオ「ウォークマン」、レコードからCD（コンパクト・ディスク）へ音楽環境を大きく変えたCDプレーヤー、パスポートサイズで一世を風靡した8ミリビデオカメラなどなど……。

しかもその間、ソニーは世界的な映画会社（コロンビア映画、現・ソニー・ピクチャーズエンタテインメント、SPE）と音楽会社（CBSレコード、現・ソニー・ミュージックエンタテインメント、SME）の二社を買収し、コンテンツの事業分野にも参入している。そのとき、ソニー側の説明は「ハードとソフトは経営の両輪」というものだった。

その後も、ゲーム事業やネットワーク事業など異分野への進出は続き、ソニーは複雑で巨大な企業グループへと成長する。創業時、わずか百万円ほどだった売上高は、いまや七兆円を超える。二十名程度の従業員も世界で十六万人を数えるほどにもなった。

その反面、ここ十年、ウォークマンのような市場を牽引する大ヒット商品を出していない。いやそれよりも、ときめきや驚きを感じるようなソニー製品を開発できていないことのほうが大きな問題だ。ソニーは、いわゆる「ソニーらしい」製品を作れなくなっているのである。当然、業績は悪化する。テレビ事業に至っては、二〇一一年三月期で七年連続営業赤字を記録している。

いったい全体、ソニーで何が起きているのか。「僕らのソニー」は、どこへ行こうとしているのか。それを明らかにするのが、本書の目的である。

第二章　ソニー神話の崩壊

颯爽と登場した出井伸之氏

「赤札商品」として店頭に

私が「ソニー神話の崩壊」、つまりSONYのブランド力の低下を初めて実体験したのは、一九九四年頃である。当時、家電製品の安売りで有名だった東京・秋葉原の電気街に取材で訪れたとき、ソニー製品が客寄せのための「赤札商品」（採算を度外視した、赤字覚悟の格安商品）として店頭に並べられていたのだ。

幼少の頃から「ソニー神話」の中で育ってきた私にとって、それはとても信じられない光景であった。「なぜ、ソニー製品が赤札商品に使われるのか」――私は家電量販店の売場の責任者に聞かずにはいられなかった。

彼は、平然とこう答えたものである。

「『ソニー神話』をいまだに信じているのは、四十代以上の男性ぐらいですね。若い人は（値段が）安くてそこその品質であれば、シャープであれ三洋（電機）であれ、どのメーカーの製品でもかまいません。ソニーを名指しで欲しい製品として言ってくることも少なくなりましたし、第一、ソニー製品だからと割高な価格を我慢するお客なんていまはもういません。ですから、ソニーの値引率も大きくなっています。新製品でも二五～三〇パーセントは値引きしますし、目玉商品だと四〇～五〇パーセント引きになります。以前だ

と、ソニーなら二割も引けば、安いという感じでしたがね」

その頃の私は四十代半ばで、まさに「ソニー神話」を信じる最後の世代であった。それにしても「そこそこの品質」の製品に対して「高品質」のソニー製品が優位に立てないのは、どうしてなのか。私は、得心がいかなかった。

そんな私の疑問に対し、AV（音響・映像）機器の商品設計を担当していたソニーの中堅エンジニアは当時、こう実情を教えてくれた。

「ソニー製品全体を牽引するトップクラス（ハイエンド）の製品があって、それがSONYブランドの高機能・高品質のイメージを作っていた。だから、ボトムクラス（普及価格）の製品であっても、『SONY』というロゴマークが付いている限り、（小売り）店があまり値引きをしなくても、顧客もソニーの製品だからと納得して買っていたんです。ところが、いまではそのイメージが崩れつつあるんです。たとえば、ソニーは市場占有率や売上高などでは世界有数のAVメーカーになりましたが、品質で言えば、ソニー製品はかつてのように優秀ではありません。トップの商品開発には、相当の費用（開発資金）も時間も必要です。しかしソニーの社内には、そんなことをしていたらビジネスにならないという空気が強く、ソニーらしい製品の開発を進める環境にはありません」

ボトムの製品もトップの製品があったからこそ、他社よりも価格が割高でも売れていたのに、トップの製品がなくなれば、売れるはずもない。売れないから、ボトムの製品の大幅な値引きに走り、ますますSONYのブランドイメージが低下していき、その結果が秋葉原で赤札商品にされてしまったソニー製品というわけである。

「悪循環」を招いた理由

そうした悪循環を招いてしまったわけだが、九〇年代半ば、当時のソニーの経営陣には、そうせざるを得なかった事情も一面あったことは事実である。創業時二十数名の従業員でスタートしたソニーも、この頃には従業員は全世界で十三万人、子会社も九百社を超える巨大グループに成長していた。売上高も約四兆円、その七〇パーセント以上を稼ぎ出していたのが、エレクトロニクス(エレキ)部門だった。

本社だけでも二万人を超える社員を養うためには、エレキ部門は、たえず「売れる商品」を市場に送り出す必要があったし、経営側もそれを求めた。それに応えるためには、ハイエンドの製品開発よりもボリュームゾーンと呼ばれる、より幅広い一般消費者向けの製品の開発に力を注がなければならなかった。いわゆる「ソニーらしい」商品は毎年生ま

れるものではないし、ソニーこだわりの独自商品やハイエンドの商品はソニーマニアと呼ばれる熱狂的なソニーファンなどから高い評価を受けても、それほど大量に売れることはなかったからだ。つまり、それらの売り上げでは、巨大企業・ソニーの屋台骨となることは到底無理だったのである。

そこで「売れると分かっている商品」、二番手商法に傾斜するのだが、もともと付加価値の高い製品を開発・販売することで高い利益を確保してきたソニーには、松下電器のような強い営業力（販売網）も大量生産する製造ラインもなかった。「販売の松下」や「生産の松下」と呼ばれたような強固な自前のインフラを持っていないため、かりにソニーが「松下化」を目指したとしても中途半端に終わるしかなかった。

目先の売り上げに固執したことがマイナス・スパイラルとなって、ソニーの強味だった商品開発力に影を落とすようになり、結果、強い製品を作り出せなくなってしまっていたのである。

メーカーにとって、研究（技術）開発と商品開発は両輪であって、そのバランスをいかにとるかがもっとも肝要になる。研究偏重になれば、市場のニーズに無頓着になり、エンジニアだけが満足する製品を開発することになりかねない。また、市場に出すタイミング

を逸することにもつながる。逆に、「売れる」ことにこだわりすぎると、品質よりも価格で競争、つまり安売りに走り、それまで培ってきたブランドを傷つけてしまう。

ではソニー神話の崩壊、SONYブランドの低下を食い止め、回復させるためには「高品質・高機能」の製品開発、あるいは「ソニーらしい」商品の開発さえ出来れば可能かといえば、そうとも言えない。いくら優れた製品であっても、ヒット商品になるとは限らないし、ブランド力が高まるわけでもない。

ブランドは消耗品である

ならば、いったいブランドとは何か。

私は、それはクォリティ（品質）とメッセージで担保されるものだと考えている。

たとえば、私たちには有名ブランド品としてすぐに頭に浮かぶものに「エルメス」や「グッチ」、あるいは「サルヴァトーレ　フェラガモ」といったファッション商品がある。職人芸ともいうべき丁寧な作り、つまりクォリティの高さとその商品を身に付けることで流行の先端を行くというメッセージによって、購入者は自分の価値が高められることを期待するし、また高められたというイメージを抱く。

それゆえ、有名ブランドは毎年毎年、今年の流行はこの色だとか、このようなデザインだといったメッセージを発信し続けるのである。

ソニーでは、SONYブランドをどう強化・担保してきたのであろうか。

具体的に、実際のソニー製品を取り上げて考えてみたい。その手がかりを私は、当時「ソニー神話の崩壊」の実態を指摘してくれた大手家電メーカー経営首脳の次の発言の中に求めてみた。

「『技術のソニー』というけど、ウォークマンとトリニトロン・カラーテレビ以降、どんな（画期的な）製品を開発したというんだ。何もないじゃないか」

つまり、彼は「SONY」のブランド（力）を担保していたウォークマンとトリニトロン・カラーテレビに続く、新しいソニー製品を市場に送り出せていない以上、ソニー神話の崩壊、ブランド力の低下は当然だというのである。

ある意味、「ブランド（力）」は消耗品である。商品を使えば使うほど、ブランド力は劣化する。それを防ぐには、担保能力のある画期的なソニー製品を作り続けていくしかないのだ。

「トリニトロン」でブランド確立

ブラウン管式のカラーテレビは当時、米国の大手電機メーカーだったＲＣＡが開発した「シャドーマスク」方式が主流になっていた。というのも、製造コストが安く耐用年数が長いというメリットがあったため、日本を始め世界各国のテレビ・メーカーが次々と採用を決めたからだ。いわば業界標準のようになっていたのだ。

ところが、ソニーだけは独自開発した「トリニトロン」方式にこだわって、シャドーマスク方式を受け入れなかった。それはシャドーマスクでは画面が暗くなるという技術的な限界があり、高解像度（高精細）の画像が期待できなかったからだ。

それに対し、技術的な難易度はシャドーマスクよりも高いが、トリニトロンではより高精細な画像が可能であった。たとえば、のちにハイビジョン放送が始まると、高精細な映像に対応するディスプレイ（表示装置）としてトリニトロンは高い評価を受けたし、細かな文字や記号などを扱うコンピュータ用のディスプレイとしても注目された。ただし、商品化（量産化）にはシャドーマスクよりもコストも時間もかかった。

日本で試験放送を経てカラーの本放送が始まるのは、一九六〇年である。しかし当初は、カラーテレビが高額なこと、番組も少ないことが災いしてテレビ（受像機）はあまり売れ

なかった。しかし一九六四年の東京オリンピック開催直前頃からメーカー各社がカラーテレビの宣伝に力をいれたこともあって、カラーテレビの販売台数は急激に増えていく。それから十年もしないうちに、カラーテレビの普及率は白黒テレビを上回る。

しかしその流れに、ソニーは乗り遅れる。トリニトロン・カラーテレビの発売が、他社よりも八年以上も遅れた一九六八年になるからだ。しかもトリニトロン方式を採用する他のメーカーが現れなかったため、開発コストはソニー一社で負担するしかなかった。それはトリニトロン方式のテレビが大量に売れて、コストダウンに繋がることを期待したソニーの期待を裏切ることになった。

いずれにしても、トリニトロン・カラーテレビの映像の美しさ、クォリティの高さは誰もが認めるところであったが、コストダウンが思うように進まず価格が先行発売している他社よりも高めだったため、どうしても売れ行きは伸び悩むしかなかった。トリニトロン・カラーテレビの国内の市場シェアは一〇パーセント以下で推移したため、しばしば「万年四位」と揶揄されたものだった。

他方、トリニトロンが実現する高精細な画像に対する評価は、海外では高まる一方であった。その象徴が、映画のアカデミー賞とその栄誉の高さで並び称されるテレビ界の「エ

ミー賞」の受賞である。エミー賞は、テレビ番組や俳優、プロデューサーだけでなく、テレビの送受信方式における画期的な技術開発も対象にしていた。そしてテレビ受像機、つまり画期的な技術開発としてトリニトロンは評価されたのである。テレビ受像機の受賞は当時、トリニトロンが初めてであった。

かくして、SONYブランドのクォリティは「トリニトロン・カラーテレビ」の技術によって担保された。また、トリニトロンの開発技術は、ソニーが世界有数のAVメーカーとして成長していくうえでAV技術の要となる。

「ウォークマン」に役員会が猛反対

ブランド（力）を担保するもうひとつ、「メッセージ」はソニーでは携帯音楽プレーヤー「ウォークマン」がその役割を大いに果たした。

トリニトロン・カラーテレビの発売から十一年後の一九七九年、ソニーは「ウォークマン」を発売するが、当初は社内の反応でさえ、はかばかしいものではなかった。創業者の盛田昭夫氏が役員会でウォークマンの商品化を発表したとき、ほとんどの役員が「テープレコーダー（録音機）は売れても、テーププレーヤー（再生専用機）は売れません」と言

って猛反対している。

おそらく、日本初のテープレコーダーを開発したソニーが「なぜ、誰にでも作れるテープレコーダーを売るようなことをしなければならないのか」という不満の現れであろう。たしかに、ウォークマンには他社にはない、ソニーの独自の新しい技術などは含まれていない。レコーダーに比べプレーヤーの製造には、それほど大きな技術的な難しさもない。「ソニーらしい」製品、ソニースピリットを誇りにしてきた経営幹部にすれば、ソニーが手がける商品ではないという強い思いもあったろう。

ウォークマンのアイデアは、もともと井深大氏が海外出張のさい、飛行機の中でステレオ音楽を聴きたいとソニーの技術陣に求めたことから生まれたものだ。井深氏は当時、教科書大のポータブル型のテープレコーダーを代用していたが、それでも重くてかなわんと再生専用タイプを個人的に作って欲しいと依頼したのだ。出来上がってきたカセットテープ式のプレーヤーをヘッドホンで聴くと、井深氏は「本当に良い音を聴くには無駄なく音を拾うヘッドホンがいいんだよなあ」とご機嫌になったという。

そこで試作品を盛田氏に持ち込み、井深氏は「歩きながら聴けるステレオのカセットプレーヤーがあったらいいと思うんだが」と視聴を勧めたところ、盛田氏はすっかり気に入

り、商品化に乗り出す。しかし前述した通り、役員会は猛反対。そこは「創業者」の力で発売を押し切るものの、当時の販売部門は「こんなの売れない」と決め込み、ウォークマンの宣伝や販売に消極的であった。

ライフスタイルを変える商品

案の定、ウォークマンの広告宣伝を担当する社員は二人しかおらず、広告宣伝費も与えられなかった。というのも、当時の広告宣伝費は商品の売上高（目標額）の何パーセントと決まっていたため、初回出荷台数の三万台を売り切れば、それで終わるつもりでいた販売部門では、ウォークマンが全部売れても赤字になることが分かっていたからだ。

二人しかいなかった広告宣伝担当者のひとり、河野透氏はトリニトロン・カラーテレビが発売された年に入社している。その河野氏は当時を振り返り、盛田氏が問わず語りに話した言葉がいまも忘れられないという。

「河野君、マーケット・クリエーション（市場を作ること）というのは、マーケット・エデュケーション（市場を教育すること）のことなんだ」

そのとき、河野氏はこう受け止めた。

「新しいソニー製品を（市場に）出したら、この製品が何のためにあるのか、その使い勝手も含め一種の啓蒙をしなければいけない――それが、マーケット・エデュケーションなんだと思いました。この言葉はとても示唆に富んでいて、僕らの広告宣伝のひとつの考え方になっていったのだと思います」

盛田氏のマーケット・エデュケーションを別の言い方をするなら、まさにソニーからの「メッセージ」である。ソニー製品を通じて、ソニーのメッセージを一般消費者にきちんと伝えることが大切なのだと盛田氏は言っているのである。

その時のメッセージとは、ソニーは室内でしか聴けなかったステレオの高音質な音楽を外でも楽しめるようにした、ソニーが開発したウォークマンさえ持てば、従来とは違う新しいライフスタイルが得られる、というものである。つまり、ソニーはクォリティの高さだけでなく、ライフスタイルを変える製品を開発し、それらを一般消費者に提供するユニークな会社であるというメッセージである。

金もなければ人もいないなか、ウォークマンの広告担当者だった河野氏がまず考えたことは、「とにかく（ウォークマンを）認知してもらうには、経験してもらうことが一番だから、その場を一生懸命作っていく」ことだった。

こんな時は、頭の固い年配の幹部や役員よりも若い社員のほうが役に立つ。さっそく、ボランティアで手伝ってくれないかと頼むと、「何か面白そうだから、やってもいいよ」という返事がかえってきた。そこで日曜祭日などの休日に、国鉄（現・ＪＲ）の山手線の電車に乗ってもらい、ウォークマンのヘッドホンを付けたまま、車内でずっと音楽を聴いてもらうことにしたのだった。山手線は環状線だから、音楽を聴いている間、ぐるぐると山手線を回り続けることになる。

しかし若い社員は、河野氏の頼みを嫌がるどころか、どこか楽しむ風でもあった。ある意味、無給の休日出勤になるのだが、そんなことを誰も気にする者はいなかった。むしろ、外でも室内と同様のクォリティの高い音楽を楽しめるという新しいライフスタイルに驚き、そして素直に喜んでいた。

芸能人にタダで配る

さらに河野氏は、ウォークマン体験の対象を拡大した。

「宣伝費はなかったけど、モノ（ウォークマン）があったから、芸能人とか歌手とかどこか目立ちたがり屋の人たち、まあ、いろんな人にウォークマンをタダで配りました。そう

したら、彼らが使っているうちに雑誌のグラビアに取り上げられたりしたんです。有名な〇〇さんが使っているウォークマンなどと。これが、一番効果がありましたね」

ウォークマンを体験させる――夏の江の島でライブコンサートに集まった若者たちに「とにかく一度、聴いてみてください」と声をかけたり、そしてそのウォークマンを聴いている姿を他の多くの若者に見せるといった「マーケット・エデュケーション」を繰り返し行うことで、ウォークマンの社会的な認知度は高まり、売れ行きも好調になった。発売二カ月で、品切れを起こすほどであった。

結果がすべてとはよく言ったもので、「売れるはずがない」と冷ややかだった社内の雰囲気は一変する。とくに販売部門は現金なもので、三万台売り切って終わりにするつもりだったはずなのに、掌を返すようにただちに増産を決め、河野氏たちには十分な宣伝費を与えるようになったのだった。

人員も増員され、外部の広告代理店の力を借りるなどしてさらに斬新な広告宣伝が展開されていくことになるのだが、その中でもとくに私には忘れられないウォークマンのCMがある。私にとって、ウォークマン＝その広告なのだ。

猿のCMとシンディ・ローパー

社会人となって、私の生活で一番変わったのはカラーテレビを購入し、毎日テレビを見るようになったことだ。ある日、何気なくテレビを見ていると、霧が立ちこめる湖のほとりに日本猿が立っているシーンが映った。画面がアップにされると、二本足で立っている猿の耳には、イヤホーンが付けられていた。そして、手にはウォークマンを握っていた。目を閉じ静かに佇む姿は、まさに私たち人間が好きな音楽や素晴らしい音楽を聴いた時に満たされた気持になるそれとまったく同じであった。

「えー、猿も音楽を聴くのか」

と、私はCMであることを一瞬忘れて素朴な疑問を発していた。そのとき、ナレーターの声が流れてきた。「音が進化した、人はどうですか?」——どうですかも何も、いったい全体、このCMはなんなんだという驚きのほうが先に立っていた。

単純に私は「猿も聴くウォークマン、凄いな」と感心してしまっていた。実際、猿がウォークマンで音楽を聴くなんてありえないし、またそれが楽しいとも思えない。だが、その時は、本当に「猿も、ウォークマンを聴くのか」と一瞬とはいえ、信じてしまうくらい衝撃的なCMであった。

最近の家電製品では、世の中が韓流ブームになれば、ペ・ヨンジュンを新製品のCMに使ったり、人気アイドルや話題のタレントを使ったりなどと、製品の魅力で売ろうとするのではなくオマケにつけるような安易な宣伝が幅をきかせているが、この時の猿のCMはまさにウォークマンの魅力を引き出すために猿を小道具のひとつとして利用していて広告の神髄を見たような感じがしたものだ。

猿のCMは、その後も続き、背景が湖から草原に代わり、ナレーションも「どこまで行ったら、未来だろう」と「また一歩、進化を続けるウォークマン」の二つが流された。しかし私には、最初のCMで受けた衝撃のほうがはるかに強かった。

他方、海外では、とくに北米市場では創業者の盛田昭夫氏が「広告塔」を買って出ていた。これも海外の新聞か雑誌を見て知ったのだが、アメリカの人気女性シンガー、シンディ・ローパーと一緒に映った写真にウォークマンを付けてポーズを取っている盛田氏の姿があったのだ。シンディ・ローパーは当時、奇抜な衣装やデザインで注目を集めていた歌手で、少し古い言葉になるが、いわゆる「翔《と》んでる」女性の一人だった。その横に世界のソニーのトップ、盛田氏がスーツ姿ではなくワイシャツにネクタイ姿でいることに違和感を覚えたものの、それ以上に私はタブーを持たない新しい経営者像を見る思いがしたもの

だった。

ところで「ウォークマン」は和製英語で、英語圏の人たちにとっては意味不明な言葉である。そのため、海外の販売会社は英語ではない「ウォークマン」を商品名に使うことを嫌い、勝手に独自のブランド名を付けだしていた。例えば、米国では「サウンドアバウト」、英国では「ストウアウェイ（密航者）」などといった具合である。

ところが、来日した海外アーティストやキャビンアテンダントなどがお土産に買って帰るようになり、逆に「ウォークマン」の名称が先に認知されることになった。そこでソニーでも、覚悟を決めて「ウォークマン」で統一し、全世界への販売に踏み切るのだった。この時の判断の正しさは、のちに海外の権威ある辞書にウォークマンが言葉として掲載されるようになったことから証明されたと言っていい。例えば、英国の代表的な辞書「オックスフォード英語辞典」などである。

つまり、ウォークマンは世界で市民権を得たのである。

商品企画がブレない

このようなウォークマンの快進撃を、同業他社が指をくわえて見ているはずがない。し

かも同業他社にとって、ウォークマンは特別な技術力を必要とする製品ではない。テーププレーヤーは、テープレコーダーよりも技術的な難易度は低い。いわば、誰にでも作れる製品なのである。松下電器や東芝、三洋電機、シャープなどの同業他社が「二匹目のドジョウ」を狙って、この市場に参入してきたのは当然である。

しかしそれらは、先行したウォークマンを脅かすような対抗商品にはなれなかった。各社のカセット式携帯音楽プレーヤーは商品ブランド名があるにもかかわらず、一般名称である「ヘッドホンステレオ」とひと括りにして呼ばれることが多かったのに対し、ウォークマンだけは、そのまま「ウォークマン」と呼ばれて別扱いされたからだ。いや、ウォークマンが本来の一般名詞であるヘッドホンステレオにとって代わって使われることも少なくなかった。例えば、一般ユーザーが「今度、ウォークマンを買ったよ」と言うとき、それが他社のヘッドホンステレオを指していたことも珍しくなかった。

家電量販店など小売店の売場では「ウォークマン」と「ヘッドホンステレオ」という二つのコーナーに分けられ、それが違和感もなく受け入れられた時代であった。現在、デジタル携帯オーディオで圧倒的な人気を誇るアップルの「ｉＰｏｄ（アイポッド）」が家電量販店で専用の売場コーナーを持ち、他社の類似商品が「その他」としてひと括りにされ

ているシーンをしばしば目にするが、それと同じである。

技術的にはそれほど大差がないウォークマンと他社のヘッドホンステレオとの間で、どうしてこれほどまでにビジネスで差がついてしまったのか。

その最大の理由は、おそらく盛田昭夫氏が考えたウォークマンの商品企画（プロダクト・プランニング）が明確で、かつ発売後もそのコンセプトが変わらず、ブレることがなかったからではないかと私は思う。

例えば、ウォークマンはそれまで室内でしか楽しめなかった高音質のステレオ音楽を外でも同じように聴けるようにすること、さらにいろんな聴き方や楽しみ方を経験すること、従来のライフスタイルを変えることで豊かにして欲しいという盛田氏の願いのもとに作られている。

それゆえ、例えば他社が録音機能の付いたヘッドホンステレオを発売しても、それに追随するようなことはなかった。

ウォークマンは、その後もバージョンアップを重ね、改良が続けられた。テープをしまうカセットケースと同じほどのサイズまで最小化されたものが発売され、ますます使い勝手がよくなっていったのだった。録音メディアがカセットテープからＣＤ（コンパクト・

ディスク）、ＭＤ（ミニ・ディスク）に代わってもＣＤウォークマン、ＭＤウォークマンと「ウォークマン」の名前は変わらなかった。

そしてウォークマンは、ユニークなソニー製品という枠組みを超えて、新しいトレンドを生み出す、ないし未来の新しいライフスタイルをユーザーに提言し続ける情報発信装置となったのである。

ソニーは、ウォークマンを通じてユーザーに「ＳＯＮＹ」からのメッセージを発信したのである。

「平面」かつ「高画質」を狙う

他方、トリニトロン・カラーテレビは、その真価を発揮する時代を迎える。

ソニーは、一九九六年五月七日、創立五十周年を迎える。

そのとき、いろんな記念イベントが計画されていたが、そのひとつに「五十周年記念モデル」があった。これは、それまでにない何か新しい製品の開発を求めたもので、テレビ事業部門では「テレビを楽しくしたい」というテーマでアイデアを募集した。その中から選ばれたのが、「平面テレビ」と「高画質テレビ」の二つのアイデアである。つまり、他

社を圧倒する高画質で、かつ映画のスクリーンのような平面な画面の実現である。それによって、消費者に他社製品では味わえない「ソニーのテレビ」の楽しさを提供しようというわけである。

ブラウン管の表面は球状になっているため、隅に行けば行くほど丸味を帯びる。そのため、テレビ画面の四隅の映像は歪んで見える。その歪んだ映像をなくす、つまり映画のスクリーンのような平な画面にするためには、その四隅を平面にしなければならない。ここでシャドーマスクとの間で、技術的な難易度が逆転する。トリニトロンのブラウン管の上下は、もともと平面に近い。そのため、四辺を平面にするには左右の丸味に気をつければ良かった。それに対し、シャドーマスク方式のブラウン管は四辺を平面にしなければならなかったからだ。

また当時、ハイビジョンテレビを購入したユーザーには、画質に不満があった。肝心のハイビジョン放送（走査線が一一二五本）はNHKの番組の一部しかなく、ほとんどの民間放送局は標準放送（走査線が五二五本）だったからだ。つまり「高精細、高画質」の映像を期待して購入したものの、宝の持ち腐れになっていたのである。

視聴者のニーズに応える

その画質に対するもっともなクレームは、メーカー各社に寄せられるようになっていた。だからといって、メーカーがハイビジョン番組を制作して放送できるわけもなく、テレビ局にお願いするしかなかった。

そのころ、親しくしていた民放テレビ局の幹部に「なぜ、映像の美しいハイビジョン放送にしないのか」と訊ねたことがあった。視聴者からのもっともな希望に応えるのは当然だし、テレビ局も美しい映像を流せば視聴率も上がるだろうからメリットがあると単純に考えていたからだ。

すると思わぬ本音が返ってきた。

「ハイビジョン放送にするには、カメラから編集機器、電波の送出部分まで含めて多額な資金、投資が必要です。もしそれで美しい映像が流れるようになったからといって、スポンサーさんが標準放送の時よりも高いCM料金を黙って払ってくれると思いますか。逆に、確実に広告効果が上がるのを保証してくれるのかと言われかねません。CM料金据え置きで莫大な投資をすることなんか、民放ではできません」

たしかに、それはそうだと思った。

これでは、メーカーはテレビ局を頼りにできない。購入者からのクレームを何とか自分で解決するしかない。そこでソニーが、五十周年記念モデルの「高画質テレビ」で採用したのが、ソニー独自のデジタル高画質技術「デジタル・リアリティ・クリエーション（DRC）」である。この技術の最大の特徴は、標準放送で送られてきたコンテンツ（番組など）をハイビジョンクラスの映像につくり変えてしまうことだ。要するに、放送局の標準放送を家庭のテレビでハイビジョン番組に変えてしまう優れものである。

「WEGA」で神話復活

一九九七年、ソニーはDRCを搭載した平面テレビに「WEGA（ベガ）」という新しいブランド名を付けて発売した。狙い通り、平面ブラウン管の見やすさと、DRCによる高画質が消費者から圧倒的な支持を受け、ベガは大ヒット商品となった。

二年後のクリスマス商戦のころ、私は「ソニー神話を信じているのは四十代以上の男性ぐらい」と言われた例の秋葉原の家電量販店を訪ねることにした。今度は、どんな反応が返ってくるか、確かめたかったからだ。

残念なことに、当時のテレビ売場の責任者はいなかった。やむなく改めて、新しい売場

の責任者に話を聞くことにした。

――いま一番売れている平面テレビは、どのメーカーのものですか。

「それはもう、ソニーさんですよ」

――他のメーカーさんはどうですか。

「（当店では）お客様の要望に沿って販売していますから、売り場や店頭でソニー製品を特別扱いして（来店客に）勧めるようなことはしていません。それでも、うちでは（平面テレビの販売台数の）七割ぐらいがソニーさんですね」

一転してソニー株が急上昇し拍子抜けしたこともあって、別の家電量販店も覗いてみることにした。その店の販売責任者の説明は、詳細で説得力に富んでいた。

「いまは平面テレビでなければ、（テレビは）売れません。そのうち七割から八割が、ソニー製です。とくにDRCが搭載されている『WEGA』シリーズの平面テレビは、他社製ではテロップの白い文字がちらついて見えるのに対し、ほら（と展示されているベガの画面を指さしながら）ちらつかないでしょう。私の（家の）平面テレビもDRCが入ったソニーのベガですが、（映像がハイビジョンではない）DVDを再生すると、画質がすごくよくなっているのが分かります。本当に、DRCの効果はすごいですよ」

商売人は、現金なものだ。

さらに、二〜三店回ってみたが、「ソニー神話なんて信じているのはあなたのような四十代以上の男性ぐらいですよ」と言われた前回がウソみたいで、どこもかしこも逆に「やはり、ソニーさんですね」とか「さすがは、ソニーさんですよ」と賛美の嵐である。

「どうだ、これがソニーだぞ」的商品

テレビが平面テレビでなければ売れない時代になり、しかもその七割から八割がソニーのベガが占めているとなると、ソニーが「飯のタネ」というわけである。儲けさせてもらっている相手の悪口を言うわけもなく、そんなこととっくに忘れてしまっているみたいだった。

しかしそれは、きわめて正しい姿ではないかとも思った。

理屈をとやかく言われても、売れなければ、そんな商品は扱いたくないだろう。しかし他社との圧倒的な差を見せつけ、「ソニーをください」とお客が自分から求めてくるような製品をソニーが作り出し続ければ、店も「神話の崩壊」などともっともらしい理屈を付けてソニー製品の値引きを正当化するようなマネはしない。

大切なことは、四の五の言わせない驚くような製品を開発し、市場で「どうだ、これがソニーだぞ」と示すことである。それをまた、熱狂的なソニーマニアもソニーファンも、家電量販店など小売店も望んでいる――とてもシンプルだが、それがすべてではないかと量販店を回りながら思った。

ソニーのカラーテレビの国内市場シェアは、九九年には一八パーセントを獲得し万年四位から首位の松下電器（現・パナソニック）と肩を並べるまでになった。

大手家電メーカー経営首脳の指摘『技術のソニー』というけど、ウォークマンとトリニトロン・カラーテレビ以降、どんな（画期的な）製品を開発したというんだ。何もないじゃないか」に対し、ソニーは次の製品開発に成功してみせた。それは、トリニトロン・カラーテレビの特性を生かしながらまったく新しいブラウン管テレビ、DRC搭載の平面テレビ「WEGA」の開発である。ベガの誕生によって、ソニー製品のクォリティの高さを改めて周知させ、SONYブランドの低下を食い止め、ブランド力を担保することになった。それは「ソニー神話の復活」が業界を含め社会的な話題になったことを指摘するだけで十分であろう。

同じように、クォリティとメッセージを担保するものがなくなるか弱まれば、ソニーが

また「ソニー神話の崩壊」の苦境に立たされることは確実である。

「ソニーの春」は短かった

結論から先に言えば、ベガの成功がもたらした「ソニーの春」は長くはなかった。

二〇〇三年前後から、ソニーはクォリティ(ベガ)とメッセージ(ウォークマン)を失いつつあった。詳細は次章に譲るが、ブラウン管式平面テレビのベガは、新しい表示デバイスであるプラズマテレビと液晶テレビという二つの薄型テレビにその座を追われたし、ウォークマンはアップルのiPodの前に完敗してしまうのだ。ユーザーは「アップルストア」に自分のライフスタイルや未来のトレンドを求めて群がることになった。

しかもその間に、ソニーのブランド戦略は混迷を極めていった。

薄型テレビが主流になった二〇〇三年六月、ソニーは「QUALIA(クオリア)」の商品シリーズの発売を開始した。プロジェクター、スーパーオーディオCDシステム、トリニトロンカラーモニター(ブラウン管式平面モニター)、小型デジタルスチールカメラ(デジカメ)の四種類である。

そしてQUALIAは、ソニーの「最高級品ブランド」として紹介された。つまり、S

ＯＮＹブランドよりも「上位のブランド」を誕生させたのである。これは、多くのソニーファンにとって、まさに青天の霹靂であったろう。最高級ブランドとして信じて疑わなかったＳＯＮＹブランドに、まさかさらに上位ブランドがあるなどとは。

それまでは、平面テレビのベガやデジカメの「サイバーショット」、ビデオカメラの「ハンディカム」、パソコンの「バイオ」などの商品カテゴリーの上にマザー・ブランドとしてのＳＯＮＹがあった。言い換えるなら、生まれて間もないカテゴリー・ブランドを担保するものとしてマザー・ブランドがあった。

その構造を、ソニー自らが壊してしまったのである。ＳＯＮＹブランドは、最高級ブランドではないとソニー自身が宣言した形になったからだ。以後、ソニーのブランド戦略は混迷を極めることになる。

ちなみに、クオリアは「質感」という意味である。それをソニーは、広く「感動を感じる」感覚の意味で使用していた。つまり、ソニーの使命は人々に多くの感動を与えることである、というわけである。

それゆえ当初、ソニーでも「製品の開発や製造に加え、マーケティングやサービス、コンテンツなどの、お客様とソニーをつなぐすべての活動において〈感動価値の創造〉を目

指す全社的なムーブメント（活動）」と説明していた。QUALIAブランドではなくクオリア・ムーブメントだったのである。

それが、どこでどう方針が変わったのか定かではないが、QUALIAブランドとして商品化されたのである。テレビで言えば、「ベガ」よりも「クオリア」のほうが高級ブランド商品であり、さらにどのSONYブランドの商品よりも上位に位置づけられた。開発現場にも販売現場にも、混乱が生じた。当時のテレビ事業の責任者は、QUALIAとSONYの両ブランドの関係についての私の質問に対し「クオリアの精神でSONYブランドの製品を作っている」と答えるのがやっとだった。

それは、そうであろう。これ以外には、答えようがない。どうしてブランド戦略を混乱させるような商品を企画し、発売したのか。いまもって、私に得心のいく説明をしたソニー関係者はいない。

「価格」で勝負したのが敗因

翌年には、ソニーはプラズマと液晶の両パネルを韓国メーカーから購入して、薄型テレビ「ベガ・HVXシリーズ」を発売する。その後、韓国のサムスン電子と液晶パネルの合

弁製造子会社「S－LCD」を設立し、専用パネルの調達に成功する。そこでソニーは、プラズマテレビを捨てて、液晶テレビ一本に絞る。

そうやって生まれたのが、液晶テレビ「BRAVIA（ブラビア）」である、しかし市場は、まもなく供給過多に陥り液晶テレビの価格の下落が始まる。ライバル・メーカーとの激しい価格競争（安売り競争）の結果、ソニーはさらなるコストダウンのためDRCの搭載を止める。高額な半導体チップであるDRCの不搭載は、たしかにソニーにコストダウンのメリットをもたらした。

しかしこの決定は、トリニトロン・カラーテレビ以来、高品質・高画質で勝負してきたソニーのテレビを価格競争に身を委ねさせるものであった。「高品質と高画質で売ってきたソニーのテレビを、価格で勝負する製品にするなんて信じられない」とテレビ事業に携わってきたソニーOBは嘆くが、低価格路線で走り出したソニーを止めることは誰にもできなかった。

だが残念なことに、安売りに走ってもソニーは、それに見合うだけの「果実」は得られなかった。市場シェアは、ソニーの満足のいくものではなかった（二〇一〇年の国内市場シェアは四位）し、テレビ事業は二〇一一年三月期の営業赤字で七年連続を記録し、赤字

体質からの脱却は不可能に思えるほどである。

「ソニー神話」は自壊した

クォリティとメッセージを担保する商品がなければ、SONYのブランド力が低下するのは当然である。そこでソニーの経営陣が辿り着いた処方箋は、カテゴリー・ブランドが強すぎて(つまり、投資しすぎて)マザー・ブランドが弱まったのだから、カテゴリー・ブランドをなくせば、自ずとマザー・ブランドが強化されるというものである。

そこで、ソニーの決断はカテゴリー・ブランドを控えることだった。

例えば、DVDレコーダーの次世代機、ブルーレイ・ディスクレコーダーの場合、ソニーは新たなカテゴリー・ブランド名を付けず、「ソニー・ブルーレイ」で通している。その効果を訊ねると、ソニーは「売れている」と答える。しかし調査会社・GfKジャパンによれば、トップはシャープ(三三・六パーセント)、二位はパナソニック(三三・五パーセント)。そして三位に入ったのがソニー(二一・三パーセント)なのだが、一位、二位に一〇パーセント以上も大差が付けられている(数字は二〇一〇年)。

ソニーが先陣を切ったインターネットテレビ(グーグルが開発したOS「アンドロイド」

を搭載）でもカテゴリー・ブランドを使っていない。「ソニー・インターネットTV」が、正式な名称である。一般にはアンドロイド搭載のインターネットテレビは「グーグルTV」と呼ばれるが、インターネット先進国である米国のテレビ市場でもシェアの一〇パーセントもとっていない。ライバルとの激しい競争どころか、普及も十分ではない。それでもこりずに、二〇一一年五月に発売されたタブレットも「ソニー・タブレット」だった。

いま私たちが見ているのは、加速する「ソニー神話の崩壊」ではなく「自壊するソニー神話」の姿なのである。

第三章　「ソニーらしい」商品

井深氏の無理難題が「ソニーらしさ」

「ソニーらしさ」とは何か

メディアでは、しばしば「ソニーらしい」商品とか、「ソニースピリット」にあふれた商品といった言葉で、ソニー製品固有の高機能・高品質を表現してきた。いまでは「ソニーらしい」商品という表現は一般消費者、とくにソニーファンの間に浸透し、彼らもまた『ソニーらしい』商品が出なくなった」とか「最近のソニー製品は『ソニーらしさ』に欠ける」などと言っては、ヒット商品を出せないでいるソニーに対する不満を口にすることも珍しくない。

だからといって、必ずしも「ソニーらしさ」が具体的に何を指しているのか、コンセンサスがあるわけではない。つまり、「ソニーらしい商品」に明確な定義があるわけではないのだ。そうであるのに、ソニー製品を語る場合、決まって判断基準となるのは「ソニーらしさ」である。

ただ、ここでは「ソニーらしさ」を定義しようとは思わない。定義することよりもむしろ開発・製造の現場に携わってきたソニーの当事者たちにとって、「ソニーらしさ」とは何か、どのように受け止めてきたか、その声を聞くことからまず始めたい。

「井深さんの無理難題」

ソニーには、井深大氏と盛田昭夫氏という二人の創業者がいる。二人とも理系出身だが、ソニーのもの作りを担ったのは井深氏である。盛田氏はそれ以外のすべてを担当したと言っていいが、主にマネジメント（経営）とマーケティングである。これは、話し合って担当を分けたというよりも研究開発がすべてだった井深氏に代わって、天才エンジニアとして井深氏を尊敬していた盛田氏がそれ以外をすべて受け持つ決心をしたというのが経緯である。

その意味では、「ソニーらしさ」や「ソニースピリット」は井深氏のDNAである。その井深氏の愛弟子で、開発・製造畑一筋だった大曽根幸三氏に「ソニーらしさ」や「ソニースピリット」とは何かを尋ねたことがある。大曽根氏が副社長だった一九九六年の頃だったと思う。

「ソニースピリット？　そんなことは（社）外の人が言うことであって、（ソニーの）中にいる我々は、そんなことを考えている暇もなかったし、とにかく毎日が新しいものを考えているだけでしたよ。新しい製品や技術を考えることは、技術屋には面白いですから、寝ずにでもやっちゃうぐらいでしたよ。それでやっと完成しても、（井深氏から）『もうちょ

っと、音質が良くなるといいんだがな』と言われると、またそれをやるわけです。そして、これでいいだろうと判断した段階で（製品化し）市場へ出すわけです。すると、それを見て『ああ、いかにもソニーらしい』と余所の人は言ってくれる。そのうち『それが、ソニースピリットだ』なんて勝手に言い出す。だけども私は、一度も『ソニースピリットは、これですよ』なんてことは言った覚えはない」

そして大曽根氏は、持論を展開した。

「あえて言うなら、私は『ソニースピリットは、井深さんの無理難題の産物だ』と言いたい。だって、井深さんに無理難題を強いられながら、必死になってやっと完成させて発売したら、お客さんは『まさに、ソニースピリットを体現したような商品だ』なんて言うでしょう。でも我々にすれば、みなさんはソニースピリットと言われますが、本当に井深さんの無理難題の産物以外の何物でもないです」

有能な技術者が集う

井深氏が早稲田大学の非常勤講師をしていた時の教え子で、やはり愛弟子のひとりで家庭用ＶＴＲ「ベータマックス」の開発者である木原信敏氏（元専務）もまた、似たような

経験を持つ。

「私が開発している時は、井深さんはほぼ一日おきぐらいに（現場に）見に来ていました。来られるたびに『いつ、出来るのか』『まだ、出来ないのか』と催促されました。いくら催促されても、昨日の今日では……。でも井深さんは、そんな事には無頓着で催促されますので、ついつい他の仕事があっても井深さんの関心のあるほうを先にやることになります。それから、井深さんはお客さんを連れてこられることが多かったですね。お客さんといっても銀行の頭取や大事なお金を出してくれる人とか、業界に影響力のある人とかで、（開発の途中を見せても）何が秘密だか全然分からない人たちばかりでした。たぶん井深さんは、そのお客さんたちに『ソニーは凄いんだ、こんなことをやっているぞ』と見せたかったのだと思います」

さらに、こう言葉を継いだ。

「（同行者が居ることには）とくに問題はありませんでしたが、私には、はなはだ迷惑でした。お客さんにはいい状態で（開発中の製品を）見て頂きたいと思っても、予告なしといらか、井深さんの気が向いた時に来られるわけですからね。ただ井深さんにすれば、本当は毎日でもお客さんを連れて来たかったのだと思います。課長時代には、井深さんから呼

び出しの電話がかかってきたら、十分以内に会社に行かなければなりませんでした。しかも井深さんは、土曜日でも日曜日でもお客さんを連れて来られますから、（三百六十五日）二十四時間勤務みたいなものでした。それでも、私も仕事をするほうが楽しいですから、逆にいろんな製品を作れたのは、井深さん率いるソニーがフランクな会社だったからじゃないですかね」

大曽根氏にしろ木原氏にしろ、井深氏から突きつけられる無理難題に困ったと言いながらも、実に楽しそうに回想した。いや、井深氏から無理難題を押しつけられること自体が嬉しそうに見えた。それもこれも井深氏がエンジニアの心をしっかりつかまえ、彼らもまた井深氏が持つ技術に対する深い洞察力を尊敬し、懐の深い人間性に惹かれていくなかで揺るぎのない「絆」が生まれていたのであろう。

その結果、井深氏の周囲には彼を慕う有能な技術者集団が、あたかも衛星群のように集まってきたのである。そして彼らは「ソニーの技術」の源泉になっていく。

学生時代に発明した「走るネオン」

井深大氏は、明治四十一（一九〇八）年四月十一日、栃木県日光町（現・日光市）で生

まれた。古河鉱業日光電気精銅所に勤めていた父・甫《たすく》氏は、東京高等工業学校（東京工業大学の前身）電気化学科出身のエンジニアだった。しかし父親は、井深氏が三歳の時に急逝し、その後母親は再婚し、神戸に移り住む。第二の故郷となった神戸で、井深氏は神戸一中時代から無線（技術）に深い関心を寄せるようになり、第一早稲田高等学院（理科）、早稲田大学理工学部へと進むにつれ、その関心はエレクトロニクス全体へ広がった。

大学時代の研究成果のひとつとして、有名な「走るネオン」の完成がある。

当時のネオンは、ただ明るく光っているだけであった。そこで井深氏は、ネオン管に高周波の電流を流すと周波数が変わるごとに光が伸縮するという特性を利用して、あたかも光が動いているように見えるネオンを作ったのである。この「走るネオン」の発明で、井深氏は「学生発明家」や「天才技術者」と呼ばれるまでの有名人になった。

盛田昭夫との出会い

昭和八（一九三三）年、井深氏は早大を卒業するといくつかの会社を経たのち、測定器専門の会社「日本測定器」の創立および経営に参加する。そして戦争中、井深氏は生涯のパートナーとなる盛田昭夫氏と出会う。

《昭和十七年、太平洋戦争も日増しに激しさを加え、国内も戦時色一色に染まっていた。私はそのころ、日本測定器を経営する一方で陸軍の兵器本部、造兵廠、陸軍航空研究所、海軍航空技術廠などの嘱託になり、軍の兵器の研究や開発に打ちこんでいた。（中略）
そのころ、盛田昭夫君は海軍航空技術廠に所属しており、逗子で熱線で像を出すノクトビジョン（暗闇のなかでも温度変化で敵の像を捕らえる）という装置の研究を進めていた。彼の研究は、私たちの兵器開発の研究とも大いに関係があり、そこで疎開先の長野県の須坂工場にも来てもらった。

これが生涯のパートナーとなった盛田君との初めての出会いである。彼は大阪帝国大学理学部の出身で、当時、海軍技術中尉のポストにあった。彼と会った時の第一印象は、私より十三歳も若くユニークな考えの持ち主で、人に対する話し方も心得ており、洗練された男というものであった。私は兵器開発のスタッフとしての人間関係もさることながら、一人の人間として大いに彼を気に入った。

それから親交が深まり、私も何度か、逗子の彼の研究室のある別荘に行っては、技術開発に関して意見を交えた》（自叙伝『わが青春譜　創造への旅』より）

「われわれは大会社の出来ないことをやる」

戦後二人は再会し、昭和二十一年に東京通信工業を創業する。
そのさい、井深氏は「会社設立趣意書」を書き上げている。ここには「ソニーの原点」ともいうべき二人の「志」が込められているので、主な内容を紹介したい。

会社設立の目的

一、真面目なる技術者の技能を、最高度に発揮せしむべき自由闊達にして愉快なる理想工場の建設
一、日本再建、文化向上に対する技術面、生産面よりの活発なる活動
一、戦時中、各方面に非常に進歩したる技術の国民生活内への即事応用

経営方針

一、不当なる儲け主義を廃し、あくまで内容の充実、実質的な活動に重点を置き、いたずらに規模の大を追わず
一、経営規模としては、むしろ小なるを望み、大経営企業の大経営なるがために進み得ざる分野に、技術の進路と経営活動を期する

一、従業員は厳選されたる、かなり小員数をもって構成し、形式的職階制を避け、一切の秩序を実力本位、人格主義の上に置き個人の技能を最大限に発揮せしむ

さらに井深氏は、設立当日の挨拶で、全従業員を前にしてじつに簡潔に東京通信工業の進むべき道を示している。

「大きな会社と同じことをやったのでは、われわれはかなわない。しかし、技術の隙間はいくらでもある。われわれは大会社の出来ないことをやり、技術の力でもって祖国復興に役立てよう」

焦土と化した東京で、井深氏たちにとって会社は小さくとも日本の将来と自分たちの可能性を信じ、希望に燃えた船出だったことが分かる。資金も設備も不十分な東京通信工業だったが、自分たちは他社にはない「頭脳と技術」で祖国の復興に役立つ事業に挑戦しようというわけである。つまり、ソニーは最初から開発志向、技術志向がきわめて強い企業だったといえる。

「ソニー・モルモット論」

設立から四年後、ソニーは日本初のテープレコーダー「G型」を発売する。これ以降、「日本初」や「世界初」の製品を次々と社会へ送り出すようになるが、ソニー躍進の転機となったのは、トランジスタの特許使用を得て半導体の研究開発に早くから取り組めたことである。

昭和三十（一九五五）年八月、日本初のトランジスタ・ラジオ「TR—55」を発売。真空管に代わってトランジスタを使用することで、従来の大型ラジオをポータブルの大きさにすることに成功したこの製品は、アメリカでも大ヒット商品となる。

そこで井深氏たちは、アメリカ人には「トウキョウツウシン……」や「トウツウコウ」と発音しにくい社名を「SONY（ソニー）」に改めたのである。アメリカでは、トランジスタ・ラジオはソニーの代名詞となった。

以来、「世界初」のトランジスタ・テレビ、「世界初」のトランジスタ式の放送・業務用小型VTR（モノクロ）を発売し、小型の電気製品市場は「小型化しても性能が落ちない」ソニー製品という評価が定着し、ソニーの独壇場となるのである。

しかし好事魔多しの喩え通り、ソニーの先駆的なビジネスに対して揶揄《やゆ》する声も少なくなかった。その代表が、評論家の大宅壮一氏が週刊誌の連載「日本の企業」の東芝編で

「ソニーはモルモットだ」と決めつけたことである。いわゆる、大宅氏の「ソニー・モルモット論」である。

《トランジスタは、ソニーがトップメーカーであったが、現在ではここでも東芝がトップに立ち、生産高はソニーの二倍半近くに達している。つまり、儲かると分かれば必要な資金をどしどし投じられるところに東芝の強みがある訳で、何のことはない、ソニーは、東芝のためにモルモット的役割を果したことになる》

井深氏をはじめソニーの経営陣は当初、大宅氏の記事に憤慨したという。

というのも、資本金が二億円程度になったばかりのソニーが、戦前から数十年の歴史があり、トランジスタの製造工場に十三億円もの巨額な資金を投入できる東芝と比較されることはフェアではないと考えたからだ。しかしまもなく、井深氏は「ソニー・モルモット論」歓迎の発言を繰り返すようになる。

「(エレクトロニクス産業では) 決まった仕事を、決まったようにやるということは、時代遅れと考えなくてはならない。ゼロから出発して、産業と成りうるものが、いくらでも転がっているのだ。これは、つまり商品化に対するモルモット精神を上手に生かしていけば、いくらでも新しい仕事ができてくるということだ。トランジスタについても、アメリカを

始めとしてヨーロッパ各国が消費者用のラジオなどに見向きもしなかった時に、ソニーを先頭に、日本の製造業者全部がこのラジオの製造に乗り出した。これが今日、日本のラジオが世界に幅をきかせているいちばん大きな原因である。これが、すなわち消費者に対する種々の商品をこしらえるモルモット精神の勝利である」

つまり、井深氏は「モルモット＝先駆者」と見なせば、それがソニーの新しいメルクマール（特徴）になると指摘するのである。

のちに井深氏が唱える「人真似はするな。他人のやらないことをやれ」というソニーのエンジニアに対する指針は、ソニー・モルモット論を呑み込んで「日本一」や「世界一」を目指すパイオニア精神、ソニースピリットと呼ばれるようになるのである。

ＶＴＲ開発に成功

トランジスタ・ラジオやテープレコーダーなど音響機器の開発で、ソニーはまず音響メーカーとして認められ、その音質の素晴らしさから「音のソニー」と呼ばれた。しかし録音テープから「絵」も出す技術、つまりビデオテープ・レコーダー（ＶＴＲ）の開発に成功したことも、のちにソニーを有数のＡＶ（音響・映像機器）メーカーに成長させた大きな要因である。

ＶＴＲといえば、すぐに「ベータ対ＶＨＳ」のフォーマット戦争が思い浮かぶ。ソニーが独自開発したベータ方式の家庭用ＶＴＲ「ベータマックス」と、日本ビクター（現・ＪＶＣケンウッド）が開発したＶＨＳ方式では、カセットの大きさが違うためどちらかが市場から撤退しなければならないという熾烈な戦いだった。結局、「販売の松下」をＶＨＳ陣営の盟主に取り込んだことが奏功し、シェア争いでベータマックスを圧倒し、ソニーは苦杯を味わわされることになる。その後、ソニーもＶＨＳ方式のＶＴＲの製造販売に踏み切り、ベータ方式のＶＴＲは完全に市場から姿を消した。

しかしベータ方式は、コンシューマ（一般消費者）の分野では敗者であっても、放送・業務用機器の分野では勝者として生き残る。

事故や事件などが起きると、テレビ局のカメラマンが肩にカメラを担いで撮影しているシーンをテレビニュースで見かけることがある。カメラとＶＴＲを一体化したもので、当初は「カメラ一体型ＶＴＲ」とも「ＶＴＲ一体型カメラ」とも呼ばれていたが、ソニーの社内用語では「カムコーダー」と名付けられている製品である。

もともと放送局のカメラとＶＴＲは、それぞれ独立した単独の製品だった。しかし事件

や事故など社会的な問題を取材する報道部門にとって、両方を持って駆けつけて撮影するのは不便この上なかった。そこで放送局の依頼で、カメラとVTRを一体化したカムコーダーをソニーは開発・製品化するのである。ベータマックスと同じ二分の一インチのテープを使うカムコーダー「ベータカム」は、一時は市場シェア九〇パーセントを超える圧倒的な強さを見せつけた。ソニーはそれ以外にも、編集用のVTRでも高性能が評価され、放送機器メーカーとしてもトップクラスである。

キャメロン監督専用「3Dカメラ」

ソニーの技術力は、放送業界以外でも注目を浴びた。とくに映画業界、いや正確にいえば、その分野の先駆者たちである。たとえば、映画をフィルムではなくビデオで撮れないかと考えていた映画監督たちである。最初に関心を示したのは、『地獄の黙示録』のフランシス・コッポラ監督や日本の黒澤明監督らである。

しかしフィルムからビデオ撮影に切り替えて、最初に大成功を収めたのは『スター・ウォーズ』(エピソード2)のジョージ・ルーカス監督である。また、ジェームズ・キャメロン監督が3D(立体映像)映画『アバター』で、世界に驚愕を与えるとともに映画を大

ヒットさせたが、そこで使われている3Dカメラもソニー製である。

海中撮影に熱中していた当時、キャメロン監督は立体映像で作品を仕上げたいと思うようになった。しかし、まだ3Dカメラなど存在しない。そこでキャメロン監督は、ソニーに自分専用の3Dカメラの開発を依頼したのである。キャメロン監督の要望は、人間の両目と同じ間隔でHD対応デジタルカメラのレンズを配置することだった。つまり、人間の目で見たそのままの映像化を望んだのである。本来なら個人からの発注など受けないソニーだが、「いずれ近い将来、3Dの時代が来るのは間違いない。その時の準備のためにもキャメロン監督の申し出を受け入れよう」という事業責任者の判断で、キャメロン監督専用の3Dカメラが誕生したのである。

また、宇宙飛行士の向井千秋氏がスペースシャトルに持ち込んだHD対応デジタルビデオカメラも、ソニー製である。

このように、ソニーの放送・業務用のVTRやカムコーダーなどビデオ機器は世界的に高い評価を受けている。ソニーはコンシューマ向けの製品のメーカーだと思われがちだが、放送・業務用などそれ以外の製品、いわゆる「ノン・コンシューマ（ノンコン）」、ノンコン部門の技術に対する評価も高い。

失われた創業者精神

その間、ソニーはコンシューマ製品では、トリニトロン・カラーテレビ、ウォークマン、CD（コンパクト・ディスク）プレーヤー、8ミリビデオなどのヒット商品を市場へ送り出すとともに、さらには世界的な映画会社「コロンビア映画」（現・ソニー・ピクチャーズエンタテインメント）と世界的な音楽会社「CBSレコード」（現・ソニー・ミュージックエンタテインメント）を買収して「総合エンタテインメント企業」を表明する世界的な企業グループへと成長している。

創業期、資本金十九万円、総勢（役員・従業員）二十数名でスタートし、最初の年間売上高は約七十一万円に過ぎなかった。それから半世紀も経たない一九九四年当時、ソニーは資本金約三千億円、従業員数約二万三千人、年間売上高約一兆七千億円を誇る世界有数のAV（音響・映像）機器メーカーに急成長していた。ソニーグループとしては海外に九百社を超える子会社を抱え、社員数十三万人、連結売上高約四兆円を誇る一大企業グループであった。

ここまで企業が大きくなると、井深氏が設立趣意書に謳った創業の精神や目的を堅持す

ることは難しくなる。ソニースピリットは、ソニーの「もの作り」の精神であって、メーカーとしてのDNAである。ところが、映画や音楽、あるいは金融子会社（ソニー生命保険など）を抱え込んだコングロマリットになってしまったソニーのカルチャー（社風）を、ソニースピリットで支えることは実際問題、不可能だからだ。

それに、井深氏や盛田氏と一緒に働いた経験のない社員や役員も増えて来ており、ソニースピリットも紙の上でしか知らない世代にとって、ソニーの「もの作り」の継承は難しい時代になりつつあった。なにしろ「創業者精神は語り継がれても、受け継がれない」のが普通だからだ。

さらに世界的な企業グループとなったソニーの屋台骨、命綱であり、連結売上高の七五パーセントを占めるエレキ事業は、堅実な利益の増大を図らなければならない事業部門となった。しかしソニー独自の技術に基づく商品、個性豊かな「ソニーらしい」製品は毎年市場に送り出せるものではないし、それらの商品は熱烈なソニーファンなどには好評であっても、それほど大量に売れるものではない。彼らを含むもっと幅広い一般消費者にも売れる商品を毎年、市場に送り出す必要があった。

それには、売れると分かっている商品を製造・販売することが手っ取り早い。つまり、

二番手商法である。しかしこれを続けると、ソニーらしい製品の開発を目指してきた研究開発部門の力が衰えてくることは避けられない。事実、その後のエレキ事業は量的拡大を第一に追求したため、市場には一般消費者に「驚きと感動」を与えるソニー商品は日に日に減っていき、「ソニータイマー」（よく故障するという意味）と揶揄されるほど品質も低下していったのだった。

出井社長誕生が転換点

翌一九九五年四月、ソニーの経営は大きな転換期を迎える。井深・盛田氏の創業者、そして創業グループの岩間和夫氏、大賀典雄氏へと続いた経営トップ、ソニー社長の椅子に東京通信工業時代を知らない出井伸之氏が座ったからである。複合企業となったソニーは、次第にソニースピリットを失いつつあったが、それを加速させるのか、もしくは止めるかは出井氏にかかっていた。

井深氏（技術）から盛田氏（営業・マーケティング）、盛田氏から岩間氏（技術）、岩間氏から大賀氏（企画・マーケティング）とソニーの社長は、技術系と事務（管理）系が交互に務めるという意図的な人事が行われてきた。とくに岩間氏が急死したことで、盛田氏は

大賀氏を後任に選ぶとき、大賀氏に「次の社長は技術屋にしてくれ」と指示していた。

ところが、大賀氏が後継者と考えていた技術系の役員は、正式に決まる直前にスキャンダルを起こす。そのため大賀氏は、彼を候補者リストから外さなければならなくなる。最終的に海外営業・管理畑の出井氏を選ぶのだが、そのさい、大賀氏の判断の決め手となったのは出井氏が大賀氏に提出していた「将来のソニー」に関わる彼のレポートだった。大賀氏はそのレポートを高く評価する。

そこで大賀氏は、後継者を技術屋から選べという盛田氏との約束を形式的であっても守るために、記者会見の席上、あえて「私は技術屋を選ぶとは一度も言っていませんよ。技術が分かる人と言ったんです」と説明したのであろう。

ネットワーク社会に対応できる人物

大賀氏がソニーの将来に抱いた不安のひとつは、目の前に迫っていたネットワーク社会の到来、しかも自ら経験したことのない時代でどのような対応をソニーはすべきかという問題に「解」を持っていなかったことである。

そして大賀氏は、社長の役員定年を間近に控えた頃になって、その問題に対応できるの

は自分たちの世代とは違う、新しい時代感覚を持った若い人材ではないかという結論に辿り着く。そのとき、大賀氏の目に止まったのが、一九九三年から九四年にかけて「ソニーの将来」に関して三つのレポートを提出していた出井氏だった。

『今後の10年に向けて』（九三年六月五日、A4判十四枚）
『戦略的中期事業計画の提案』（九三年六月十五日、A4判二枚）
『コンピュータとAVの融合時代のソニーの戦略』（九四年十月二十九日、A4判二十五枚）

コンピュータ（技術）はIT（情報通信技術）の核となるもので、それとAVの融合は来るネットワーク時代でソニーが生き残る必須条件である。出井氏はハード（製品）の販売だけで高い利益を確保すること、あるいは売り上げを伸ばすのは難しいと考え、新たな収益源をネットワーク・ビジネスに求めるべきだと考えていたのである。つまり、新規事業への進出である。

もうひとつ興味深いのは、コンピュータ事業（パソコン）へ出遅れていたソニーの立場

を挽回させるため、出井氏がアップルの買収を提案していたことである。当時、アップルは創業者のスティーブ・ジョブズが去り、存立が危ぶまれていた頃だった。そこで出井氏は、アップル買収で「ブランドと時間と技術」を一挙に手に入れるべきだと主張したのである。通称、オセロプロジェクトと呼ばれるアップル買収案は、オセロゲームのように一気に形勢逆転を狙ったものだった。

アップル買収を提案されたとき、大賀氏は「君、こんなもの（アップル）を買って、どうするつもりなんだ」と聞き返したというから、それほど出井氏の提案が新鮮で、ネットワーク時代の社会および産業構造の変化がそれまで経験したことのないものであることを大賀氏は直感で分かったのではないだろうか。

実現しなかった「売ってから始まるビジネス」

出井氏は社長に就任すると、インターネットを含むネットワークに繋がることから始まるビジネスへの取り組みや、ハード（製品）単体での売り切りのビジネスではなく売った後からも続くビジネス・モデルの開発などに挑戦するものの、いずれも成功したとは言いがたい。

前者で形になったものは、店舗を持たないインターネット金融機関「ソニー銀行」や「ソニー損害保険」ぐらいである。インターネット証券は投資段階で終わっている。他社と組んだ音楽配信や動画配信では、十分な利益が得られる段階までには至らなかった。

後者に関しては、出井氏は私に警備会社のセコムを例にこう説明したものだ。

「セコムの監視用カメラが、いまでは一般家庭にも入っています。そのカメラもモニターもソニー製品ですから、うちもセコム同様、セキュリティのビジネスをやっていることになります。ところが、うちはその製品を売った段階で（セキュリティのビジネスは）終わりです。でもセコムでは、『留守番はセコムにお任せください』と言って各家庭をまわる（パトロール）ことで、セキュリティの代金を毎月もらっている。セコムのシステムではセキュリティのビジネスはずっと続き、収入が入ってきます。しかしうちは、一度製品を売れば、それで終わりです。うちも（製品を）売ったらそれで終わりではなく、モノ（製品）を売ってから始まる商売を始めなければ、（ソニーといえども）生き残れません」

たしかに、その通りなのだが、出井氏が社長・会長を務めた十年間に「売ってから始まるビジネス」は実現しなかった。

巨額債務で存亡の危機

出井氏の新しい取り組みが成功しなかった理由はいろいろ指摘されているが、私は出井氏がそれらの取り組みに専念できなかったことも大きな理由のひとつに挙げたい。

出井伸之氏は、一九九五年六月の株主総会で正式にソニー社長に就任している。その九五年三月期（九四年度）決算で、ソニーの有利子負債（要するに、借金）は一兆九千百四十一億円、連結売上高三兆九千九百億円の半分に迫っていた。つまり、ソニーは存亡の危機にあったと言っても過言ではない状況にあったのだ。

その当時の気持ちを、のちに出井氏は私にこう話した。

「私が一番怖かったのは、借金で（ソニーが）倒れることでした。売上高に対して借金が半分に迫る勢いだったでしょう。当時のソニーの生存率は、五〇パーセントを切っていたと思います。ですから、（ソニー）復活云々よりも生死の境をさまよっている状態でした。財務体質の改善が、何よりも急務でした。当時のソニーは、明らかにオーバーインベストメント（過剰投資）になっていました」

過剰投資の最大の原因は、巨額の出費を強いられた世界的な映画会社と音楽会社の買収である。この二社の買収には、一兆円近い巨額な投資が注ぎ込まれていた。他にも、設備

投資バブルと呼ばれるほど海外の工場建設などに投資していた。いずれも大賀典雄氏の社長時代の投資である。

出井社長時代、出井氏から財務体質の改善を任されたのが、CFO（最高財務責任者）の伊庭保氏である。出井氏が「向こうには、倒産の滝がある」と言えば、「その滝（に通じる廊下）にはドアもない」と応じるほど伊庭氏の危機感も強かった。

「いくら借金が多くても、それを返すだけなら簡単なんです。儲けをすべて、借金の返済に回せばそれですぐに完済できます。でもそれだと、研究開発などへの投資をしないわけですから、メーカーであるソニーは商品開発もままならず、魅力あるソニー商品を（市場へ）出せません。経営は、すぐに行き詰まってしまいます。だから、借金返済と投資のバランスをうまくとることが大切なのです」

五年後、ソニーの有利子負債は一兆円強にまで減る。CFOとしての伊庭氏の手腕が、いかんなく発揮された結果であった。その後も、有利子負債は漸次的に減っていった。その順調な負債返済を支えたのは、売上高の七〇パーセント以上を占めるエレキ事業の堅調な収益であったことはいうまでもない。

惜しかった「クリエ」

とはいうものの、エレキ事業に浸透しつつあった二番手商法的な体質が完全に払拭されたわけではなかった。エレキ事業の堅調な収益向上を求めるプレッシャーは、どうしても画期的な新製品が持つリスクに立ち向かうことを躊躇わせたからである。

それゆえ、「これは」と思う新商品であっても、さらなる追加の投資が必要だったり、採算に乗せるには予想した以上の時間がかかりそうになると、当初の勢いは萎えて急に臆病になることも珍しくない。

私には、いまなお残念に思っているソニー製品がある。

それは、二〇〇〇年にソニーからPDA（携帯情報端末）として発売された「CLIE（クリエ）」である。すでに国内市場では、日本製PDAの代表ともいうべきシャープの「ザウルス」が確固とした地位を築いていた。

シャープのPDAの歩みは、まず電子手帳から出発した。その後、パソコンとの連携性を深めるとともに電子システム手帳へと内容を充実させていく。また、携帯電話接続アダプタを付属させてネットワークとの親和性も高めた。結果、一九九三年に発売された初代ザウルスは、ビジネスマンを中心に受け入れられヒット商品となった。

七年後、そのザウルスに正面から戦いを挑んだのが、ソニーのクリエだった。

私が使用したクリエは、初代から二年後に発売された「PEG―NX70V」である。携帯電話のような折りたたみ式で、液晶ディスプレイ部が一八〇度回転するため、開いても閉じても使うことができた。当時のPDAとしては画期的なデザインであった。

デジカメとマイクが内蔵されていたので、取材では重宝した。もちろん、デジカメといってもモノクロで画素数も三十一万と少なく、普通の写真撮影では物足りないだろうが、取材先で「ちょっと」撮影し、執筆資料として使うには十分であった。また、録音機を忘れた時や予定外の取材のとき、クリエの録音機能にはずいぶん助けられたものである。私はほとんど使わなかったが、音声付き動画を録画できる機能や音楽を聴くためのメディアプレーヤー機能まで付いていたことには、少し驚いた。PDAにもエンタテインメント性を持たせようとするソニーの強い意志を感じたからである。

しかし私がもっとも気に入ったのは、通信（PHS）専用のカードスロットが搭載されていたことである。PHSの会社と通信契約を結べば、外出先でも自由にEメールや検索などインターネットが手軽に利用できるようになったのである。しかも立ち上がりが早いので、クリエの電源を入れれば、すぐに利用できた。

ＰＨＳは、もともと家庭内のコードレス電話を外でも使えるように出来ないかという発想で開発された日本独自規格の無線通信サービスである。そのため当初から、第三者の傍受を防ぐためデジタル方式になっていた。電波がデジタルなので、携帯電話よりもデータ通信が高速で音質も良いという特徴を持っていた。その反面、電波の届く距離が携帯電話よりも短いため、中継する基地局を多く作らなければならなかった。その結果、移動中に利用した場合、音声が途切れたりするなどの弱点を抱えていた。

しかし私にとって、そうした弱点はたいした問題ではなかった。

移動中の問題は使用を控えれば済むことだし、たとえ地方取材でもよほど辺鄙なところでなければ（取材先はだいたい都市部だった）、クリエで送受信できたので不自由することはなかった。

さらに、マイクロソフトのオフィスソフト「アウトルック」と同期していることも魅力だった。パソコンのアウトルックを開き、必要な事項を書き込むなどしたあと、メールアドレスや住所などの連絡先、予定表（カレンダー）、企画や打ち合わせ内容などメモした「仕事」――それぞれの内容を、クリエのメモリに移したければ、クリエをパソコンに繋げたクリエ専用のクレードル（充電やデータ送受信などに使う拡張機器）に置くだけでいい。

あとは、クリエの同期ボタンを押せば、それで終わりである。

その逆も、もちろん可能である。その時には、クリエの液晶ディスプレイはタッチパネルになっているから、付属のペンで画面に表示したキーボードをタッチして入力すればいい。私は、ローマ字入力していた。

スマートフォンに化けた可能性

仕事で大いに活躍した私のクリエだったが、最大の不満は電話機能が付いていないことだった。だから、いくらクリエが便利でも携帯電話は必需品であった。しかし身軽に動き回りたいと思う私にとって、二台持つことは苦痛だった。

そこで私は、まさに素人考えなのだが、データ通信とはいえＰＨＳの電波がクリエに届いているなら、それに音声も乗せることは簡単ではないかと思い、ソニー社長だった安藤國威《くにたけ》氏に直訴してみることにした。

ちょうど雑誌の取材で安藤氏に会う機会を得たさい、インタビューの最後に私は安藤氏にこうお願いしたのだ。

「安藤さん、私はクリエのヘビーユーザーですが、お願いがひとつあります。それは、ク

リエに電話（機能）を付けて欲しいことです。いまのままだと、私はクリエと携帯の二台を常に持たなければなりません。これでは、不便で仕方ありません。おそらくクリエを使っているビジネスマンやメディアの関係者も同じ思いだと思います。クリエにはデータ通信とはいえ、PHSの電波が届いているわけですから、電話を付けるのは技術的には難しくないと思います。なんとか、電話を付けてもらえないでしょうか」

いま振り返ってみると、要するに、私はソニーにスマートフォンを開発して欲しいと言っているのである。もちろん、当時はそんな認識もなかったし、考えたこともなかった。ただただ、クリエに電話が付けば、二台持つ必要がなくなり、便利で助かるという個人的な願望でしかなかった。

安藤社長に直訴した

ソニーがスマートフォンにしたクリエを販売するには、二つの方法が考えられた。

ひとつは、キャリア（電話回線業者、NTTドコモなどの携帯電話会社）に採用してもらい、キャリアのルートで販売する。もうひとつは、ソニーがキャリアを買収し、キャリアになって自ら販売する。

日本ではキャリアの立場が強く、キャリアが携帯電話の仕様を決め、それに基づいてメーカーは開発・製造し、それをキャリアに納入する。つまり、下請けに過ぎない。最大の問題はキャリアがスマートフォンをビジネスになると判断するか、である。他方、仮に買収できたとしても、電話事業は郵政省（当時、現・総務省）の許認可事業だから、お役所のOKが必要になる。しかし当時は、他業種からの新規参入は狭き門で認可される可能性はほとんどなかった。

いずれにしても、相手次第であった。

安藤氏は私の願いを一笑に付すようなことはなかったが、実現にはソニーだけの力ではいかんともしがたいものが多く、かなり難しいと率直な感想を口にした。いや「かなり難しい」とは、安藤氏の優しさで「無理です」の別の言い回しだったろう。

その後も、クリエに電話機能が付くことはなかった。

逆にクリエは、エンタテインメント色を強くし動画や音楽を楽しめる機能の充実や、デジタル電子手帳の拡張へと向かった。しかしその後、クリエはスマートフォンの流れが生まれるとユーザーを失っていき、二〇〇五年七月には全機種の生産を終了した。

だからといって、「あの時に、クリエをスマートフォンにしておけば、アップルのｉＰ

ｈｏｎｅ（アイフォーン）に負けなかった」などと主張するつもりはない。もちろん、有効な対抗馬ぐらいにはなっているだろうが、圧倒できる存在にまでなれたかどうかは分からない。クリエをスマートフォンとして販売できたとしても、まだ市場として確立できていない段階では予想できない多くの苦労があったろうし、その長い道のりに耐えられたかどうかも分からない。もし何もかもがうまく回れば、クリエがスマートフォンの代名詞になるぐらいは成功していたのではないかと希望的観測は持ちたいと思う。

「未来を見つめる目」が失われた

私が残念に思ったのは、その当時のソニー全体を覆っていた雰囲気に負けたのではないかということである。

ソニーという会社の本質は、過去の成功体験や教訓に「解」を求めないことにあると思っている。つねに、未来に、自分の目で見つめる未来の中に「解」を求めてきた会社であると思っている。

ソニーは市場があるから商品を開発・販売するのではなく、市場のないところに市場を作り出す商品を開発し、成長してきた会社である。だから私は、クリエの成功を「現在」

で計るのではなく、「未来」に求めて欲しかったのだ。その未来を見つめる目が、当時のソニーでは失われつつあると感じたことが、とても悲しかったのである。ソニーがソニーでなくなり始めていると思ったからだ。

しかしクリエのケースは、まだマシだったことをやがて思い知らされる。

二〇〇四年頃だったと思うが、東芝がＨＤＤ（ハードディスク）内蔵型の液晶テレビを発売したので、ソニーも似たような研究開発をしていたことを思いだし、ソニーの幹部に「いつ、出す予定なのか」聞いたことがあった。

「東芝さんが先行しましたが、ソニーはいつＨＤＤ内蔵タイプを売りに出すのですか」

「まだ、機が熟していないからね」

「機が、ですか……」

「そう。まだ市場が、あるかどうか分からないじゃない。うちがハードディスク・レコーダーを出したとき、全然売れなかったからね。お皿（ＤＶＤレコーダーのこと）が付いていないと売れないんだよ」

「二番手商法というわけですか」

「嫌なことを言うね」

「………」

その後、薄型テレビ市場でHDD内蔵型液晶テレビのシェアが二〇パーセントを占めるようになると、ソニーは発売に踏み切った。たしかに、HDD内蔵型液晶テレビの市場の「機は熟した」といえる。しかしそれで、果たしていいのだろうかと思った。

これでは、いくら私たちが「ソニーらしい」商品を求めたところで、それはないものねだりに等しかった。ソニーは、井深・盛田時代の姿から確実に逸脱し、明らかに変質しつつあった。

そしてそれは、二〇〇五年にハワード・ストリンガー氏がソニーの会長兼CEOに就任すると、さらに加速されていった。「ソニーらしい」製品どころか、製品自体に価値を見いだされない時代の到来である。

第四章　「技術のソニー」とテレビ凋落

ブラビアのパネルはサムスンとの合弁

大崎と厚木

ソニーの永遠のライバルとして絶えずマスコミから注目され、そして取り上げられてきたのが松下電器産業（現・パナソニック）である。たとえば、両社の特徴を捉え、しばしば「技術のソニー」に対して「販売の松下」と言われた。

最盛期には系列小売店五万店を抱えた松下電器の販売力は圧倒的で、それに対抗できる販売力を持った電機メーカーは国内には存在しなかった。それに対し、大手電機メーカーのモルモットと揶揄されようが、ソニーはたえず新しい技術に挑戦し消費者を驚かすような商品開発に努めてきた。ある意味、国内の家電市場を牽引してきたのは、「技術のソニー」と「販売の松下」の両社と言って過言ではない。

では「技術のソニー」の技術は、いったいどこにあったのか。

それは、トリニトロン・カラーテレビを開発した「大崎」と、放送・業務用機器やデジタル技術の研究開発の拠点だった「厚木」である。大崎とは、テレビ事業部門があった品川区の「大崎工場」（後に大崎西テクノロジーセンター）のことを指している。同様に厚木は、神奈川県厚木市に当初はトランジスタ工場として建設された「厚木工場」（現・厚木テクノロジーセンター）のことである。このように、ソニー社内では事業部のある場所を

通称として使うことが多い。

言い換えるなら、この二つが健在であれば、どんな苦境に置かれようともソニーのエレクトロニクス（エレキ）事業は早い遅いの問題はあっても、必ず立ち直り復活し、私たちの前に「技術のソニー」の成果を必ず見せてくれる。逆に、この二本柱が揺らげば、即「技術のソニー」の危機となる。

テレビ事業の赤字が始まった二〇〇五年

かつてのような驚きや〝ときめき〟を与える「ソニーらしい」製品が出なくなって久しいのは、私は「技術のソニー」が揺らぎ始めているからだと思っている。そのことを具体的に、家電製品の「王様」であるテレビ、そして二〇一一年三月期で七年連続の営業赤字を記録したテレビ事業の中に探ってみる。

テレビ事業の赤字は、二〇〇五年三月期から始まっている。

その年の三月には、業績悪化の経営責任を取る形で、会長兼ＣＥＯ（最高経営責任者）の出井伸之氏と社長の安藤國威氏の二人が同時辞任するとともに、社内取締役全員の退任が発表されている。

そして経営陣を一新しての出直しで誕生したのが、ソニー米国の会長兼CEOだったハワード・ストリンガー氏をトップとする新しい経営体制である。ソニー史上初めての外国人CEOである。同時に、社長には、副社長の中鉢《ちゅうばち》良治氏が就任した。つまり、テレビ事業の営業赤字は、ストリンガー氏のCEO就任時から始まっていた。

「エレキの復活なくして」

当然、ストリンガー・中鉢の新体制に期待されたのは、エレキ事業の再建。とりわけテレビ事業の立て直しは、急務だった。なにしろ売上高の一五パーセント近くを占めるテレビ事業の赤字は、到底看過出来るものではない。トップ交代の記者会見で、中鉢氏が「エレキの復活なくしてソニーの復活なし」「テレビの復活なくしてエレキの復活なし」と宣言したのは、まさにソニーが置かれた当時の問題の本質を言い当てたものであった。そして中鉢氏は、エレキ事業の業績改善に強い意欲を示したのだった。

その強気の背景には、それまで自社生産しないため液晶パネルの調達に苦しみ、あげく商機を失うなどの悩みから解放されたこととも無縁ではなかったろう。翌四月から、韓国のサムスン電子との合弁製造子会社「S－LCD」が液晶パネルの量産を開始する予定だ

ったからである。

その年の十月から、ソニーは年末年始の商戦を睨んで新しい液晶テレビ「BRAVIA（ブラビア）」シリーズを順次発売していった。ハイエンド（最上位機種）のXシリーズ（四〇、四六インチ）やミドルクラスのSとVの二つのシリーズ（三二、四〇インチ）などである。Xシリーズには、ソニー独自のデジタル高画質技術「DRC（デジタル・リアリティ・クリエーション）」が搭載されていた。

ブラビア・シリーズの出足は、好調だった。

ボリュームゾーン（売れ筋）と呼ばれる三二インチの液晶テレビ部門では、年末商戦に入った十二月第二週（五日〜十一日）の週間ランキングで、初めて「液晶テレビの王者」シャープを抜いて第一位に立った。プラズマテレビも合わせた薄型テレビの月間ランキングでも、首位のシャープ（三七・五パーセント）に次ぐ第二位（二四・四パーセント）を獲得している。

年が明けても、ブラビアの勢いは止まらなかった。

液晶テレビ市場の週間ランキング（二〇〇六年一月二日〜八日）で、四一・一パーセントでシェアトップのシャープに次ぐ第二位（二六・六パーセント）の座を、ソニーは確保

したのである（数字は、いずれもBCN調べ）。

翌二〇〇七年、ソニーはボリュームゾーンの主力商品が三二インチから四六インチに移行しつつある、つまり消費者のニーズが大画面化にあると判断し、八月に新ブラビアの六シリーズ十五機種（四〇～七〇インチ）を発表した。いずれの機種もフルHD（ハイビジョン）対応で、DRCを搭載していた。

ちなみに、HDの規定には幅があり、走査線（垂直画素）の数が一〇三五本以上のものをHDと呼んでいるが、一〇八〇本はフルHD（1920×1080）と区別して呼ばれている。この新しいブラビア・シリーズは、ソニーのテレビ戦略が「大画面・高精細（高画質）」に大きく踏み出したものと言える。

「ブラビア」絶好調の陰で

その年の十二月中旬、ストリンガー氏は、テレビや新聞など国内の主要メディアを本社に招いて記者会見を開いた。その間、ストリンガー氏は笑みを絶やさず、終始雄弁であった。とくに、液晶テレビ「ブラビア」の業績については饒舌であった。

「九月に投入した（ブラビアの）新モデルは、たいへん優れた販売実績を示しています。

米国市場ではシェア第一位ですし、中国でも強い販売実績を示し、第一位です。日本でもそうだと申し上げたいのですが、シャープが第一位のようです。それから年末年始の商戦でも、強い販売実績が見られると思っています」

たしかに、ブラビアの好調は持続した。

四半期ベースで、初めて北米市場で首位に立ったのだ。米国調査会社「ディスプレイサーチ」によれば、米国を含む北米市場の液晶テレビ部門（出荷台数）では、ソニーが一二・八パーセントでトップ、二位はサムスン電子の一二・三パーセントだった。

しかし問題なのは、ブラビアの好調さがソニーのテレビ事業の赤字体質の改善に繋がっていなかったことである。〇五年三月期から続くテレビ事業の営業赤字は、〇八年三月期も是正されることはなかった。目指した黒字化は達成できなかったし、その間の累積赤字は約二千億円とみられる。

液晶テレビの製造コストに占める液晶パネルの値段は、約七割と言われる。それに販売経費などを加えていき、テレビの価格（市場推定価格）を決定する。しかし市場価格は、需給関係で決まる。テレビ・メーカーが増え、大量に液晶テレビが市場に出回ると価格は下落する。下落した価格から利益を得るには、薄利多売しかないが、それにはさらなる値

下げで対応するしかない。つまり値下げ競争という「負のスパイラル」に陥ってしまい、液晶テレビは利幅の薄い商品になってしまうのだ。

赤字の真因はパネルが自社生産でないこと

ソニーのテレビ事業が利益を出せないでいるのは、もっとも高いコストの液晶パネルを自社生産していないため、全体のコストの調整が容易でないことだ。しかも韓国メーカーのサムスン電子やLG電子が、それまで日本のメーカーのお家芸だった高付加価値の液晶テレビを商品化できる技術力を身に付けるとともに、ローエンド（廉価な機種）には台湾や中国メーカーの格安テレビの躍進が著しいという環境があった。

ソニーのテレビ事業が赤字体質から脱却できないのは、シェアを伸ばすために安売りに走り、その結果、高いコストで液晶テレビを造って、対抗策として韓国・台湾メーカー並みの価格で売ろうとしてきたからに他ならない。とくにソニーは、日本メーカーの中でも高付加価値の商品開発で多くの利益を確保し、伸びてきたメーカーである。そのソニーが市場の価格下落のプレッシャーに負けて、単純な低価格路線に走れば、結果は火を見るよりも明らかである。

本来なら、むしろ他社の液晶テレビを圧倒するほどの差異化技術を開発することで、誰が見ても画質の美しさに明らかな違いが分かる、新たな購買動機に繋がる商品開発で市場の価格下落プレッシャーに対抗すべきだったのではないか。さらなる高付加価値の実現――それしか、他社以上に高付加価値で利益を上げてきたソニーには選択肢はないと思ったが、現実はまったく正反対の方向へと進む。

「安い旧型」が綺麗な理由

その事実に私が初めて気づいたのは、二〇〇八年の夏だった。

そのころ私は、大手家電量販店の取材で都内の大型店舗を片っ端から見て回っていた。ちょうどＪＲ駅近くにオープンしたばかりの大型店を訪れた時だったが、テレビ売り場で奇妙な展示に出くわしたのである。ソニーの液晶テレビ「ブラビア」の五二インチが二台並べて展示してあったのだが、価格がまったく違ったのだ。

一方が、三十三万円で二六パーセントのポイントが付くのに対し、他方は三十七万円と価格が高くポイントは一〇パーセントと低かった。しかもそのうえ、販売価格の安いほうの画面が、明らかに綺麗だった。

いったい、どういうことなのか。

もしかしたら、店員が値札を付け間違えたのではないかと思い、売り場に立っていた担当者に理由を尋ねてみた。

「値段が高いほうは、新機種だからです。安いのは古い機種で製造が打ち切られ、もう在庫でしか残っていないからです」

まさに単純明快な返事である。

在庫処分のため古い機種の価格を下げるのは、小売店としては当たり前のことである。とはいえ、旧型のほうが新型のブラビアよりも画質が優れているのは、どういうことなのであろうか。改めて問い直すと、彼はこう即答した。

「それは、旧機種にはDRCが搭載されているからです。新機種は（DRCを）積んでいませんから」

すでに触れたように、DRCは標準（SD）放送の映像をハイビジョン（HD）クラスの映像に作り替えるソニー独自のデジタル高画質技術のことである。この優れもののおかげで、ブラウン管式平面テレビ「WEGA（ベガ）」の躍進があったと言っても過言ではない。ほとんどのテレビ局の番組がSD放送の当時、それらをハイビジョンの美しい映像

の番組にしたＤＲＣは、差異化技術の象徴であった。

神話を信じているのは五十代以上

それにしてもテレビ売り場の担当者の言葉は、にわかには信じられなかった。

ブラウン管テレビの開発のとき、他社が技術的な難易度の低いシャドーマスク式を採用するなか、あくまでも高画質にこだわり、高精細な映像の実現を追求するソニーは最後には独自のトリニトロン方式のブラウン管を完成させる。そのため、ビジネスでは他社よりもカラーテレビ市場に出遅れ、シェア争いでは後塵を拝することになった。

そうしたソニーのテレビ開発の経緯を振り返るなら、高画質にこだわるソニーが旧型よりも画質が劣る新型を発売するなど想像もつかなかった。

ためしに、売り場の担当者に「あなたなら、どちらのブラビアを購入しますか」と聞いてみた。彼は、笑いながらこう答えた。

「ＤＲＣが入った格安のブラビアに決まっているじゃないですか。もう私は、買いましたけど。（新型の）値段は高いわ画質が悪いわでは、買う気も起こりませんよ」

さらに、こう畳みかけてきた。

「だいたい、ソニー製品は高機能・高品質というソニー神話をまだ信じているのは、お客さんの年代（五十代）以上です。いまはソニーも（テレビなどの製品を）たくさん売りたいから、けっこう安売りに走っています」

一度は消えたはずの「ソニー神話の崩壊」を再び、こういう形で突きつけられることになるとは予想もしなかった。

ＤＲＣの搭載を止めたのは、当時のテレビ事業本部長である。彼の判断の決め手となったのは、ＤＲＣ搭載のテレビとそうでないテレビの画質を比較し、自分の目で確かめたところ、両方の画像にたいした差がなかったことだという。つまり、ＤＲＣを搭載しなくても、他の技術で高画質は十分にカバーできると判断したのである。

ならば、私とテレビ売場の担当者が体験した明らかな「画質の差」は、幻だったのであろうか。

事業部と販売の確執

じつは後で分かったことだが、ＤＲＣの搭載中止をめぐってテレビ事業部と、ソニー製品の販売会社「ソニーマーケティング（ＳＭＯＪ）」の幹部との間でやりとりがあった。

テレビ事業部はＤＲＣを搭載しない理由に画質に大きな影響を与えていない、他の技術でカバーできることを挙げるとともに、コスト削減の必要性を伝えたという。

それに対するＳＭＯＪの幹部の反論は、次のようなものだった。

「ＤＲＣは他社製品との差別化技術として、すでにひとつのブランドになっている。いや、ブランドにするために、ＳＭＯＪとソニー本社の広報は十年間も努力してきた。そしてその結果、高画質のテレビを希望されるお客様は、ＤＲＣのブランドを信頼し、ＤＲＣの搭載を確認して購入されていく。それなのに、なぜ搭載を止める必要があるんですか」

しかしＳＭＯＪの幹部の主張は、認められなかった。そこでテレビ事業部側に、ひとつだけ「要望」した。

「（搭載の有無を）決めるのは事業部ですから、それには従います。しかしハイエンド（最上位機種）だけは、ＤＲＣを残してください。シャワー効果が期待出来ますから」

テレビ・メーカーは、ひとつのシリーズを発売する場合、商品をハイエンド、ミドルクラス、ローエンド、つまりフルラインナップで揃える。シリーズを代表するハイエンドには新しい機能はもちろん最高のスペックが組み込まれ、デザインにもこだわりが込められている。価格は当然、シリーズで一番高くなる。しかし消費者の購買意欲を高めるイメー

ジが、それによってシリーズ全体を包み込む役割を果たす。つまり、ハイエンドには手が届かないものの、ミドルクラスなら何とか買えるという消費者の購買動機につなげるのである。これが、シャワー効果である。

実際、一般消費者は高額なハイエンド商品にはなかなか手が出せないものだが、手軽な価格のミドルは購入しやすい。ミドルがボリュームゾーンといわれるゆえんである。そのためにも、きちんとしたハイエンド商品の導入が決め手になるし、不可欠である。

ＳＭＯＪの幹部の要望は、売る側からすれば当然である。しかし彼の「ひとつ」の要望も認められず、フルＨＤ対応のブラビアにはＤＲＣが搭載されることはなかった。ソニーは、ハイエンドからも撤退したのである。

「画質」ではなく「価格」で勝負

私は偶然にも、旧型と新型のブラビアの入れ替え時期に遭遇したのだった。「技術のソニー」と言われた会社が、まさか「画質」ではなく「価格」で勝負するようになるとは信じられなかった。

ただし高い「ソニーのコスト」をカットするという一点のみを見るなら、たしかにＤＲ

Cの搭載を止めたことはコストダウンにつながった。DRCを搭載するには、専用のLSI(大規模集積回路)を作らなければならない。しかも「専用」のため、価格も高額にならざるを得ない。テレビ販売を低価格路線に切り替えるのなら、DRCの搭載を止めることは手っ取り早い、もっとも有効なコストダウンの手段である。

もっとも、それによって十分な利益の確保が出来れば、そしてテレビ事業の赤字解消に大いに貢献出来たとするなら、それも「正解」のひとつだったろうが。

ソニーのハイエンドからの撤退について、家電専門誌の記者は首を傾げた。

「これには、家電量販店の売り場も困ったようでした。ソニーがハイエンドとして販売する製品も市場から見れば、ミドルクラスにしか過ぎません。つまり売り場では、ソニーの商品にはハイエンドがなくてミドルクラスが二つあるようなものですから、店(家電量販店)としても、どっちに力を入れて売っていいのか。正直なところ、私は変な商品構成だなと思いましたよ」

「コスト・カッター」の異名を持つストリンガー氏がソニーの会長兼CEOに就任以来、社長の中鉢良治氏や副社長の井原勝美氏ら日本人経営者に抱き続けてきた不満は、エレキ事業に対する「コストダウンの意識の低さ」であった。それに対し、ストリンガー氏と

「ビジョン」を共有する幹部たちは「人員削減とコスト削減」を繰り返し繰り返し部下に伝える、いやそれだけと言ってもいいかも知れない。なにしろ「コスト・カット」は、ストリンガー氏と彼らにとって何よりも最優先課題だからだ。

だから、こんなことも起きてしまう。

「グローバル・ローカライゼーション」

ソニーは長らく、創業者の盛田昭夫氏が唱えた「グローバル・ローカライゼーション」（世界的な視点でソニーを現地化していくという意味）に従って、エレキ事業を世界各地で展開してきた。盛田氏の言葉に従えば、グローバル・ローカライゼーションとは「各々のマーケットとニーズに適した、しかも技術とコンセプトは共通した考えであること」である。具体的には市場のニーズに応じた製品の企画や製造、販売などをその市場の近くで行うことである。

それゆえ、ソニーのエレキ事業は世界各地に製造拠点を持ち、それぞれの地域に設計部隊を配置し、独自の販売戦略を展開してきたのである。当然、全地球を「ひとつ」の市場と考えるグローバル化、およびグローバル経営を推し進めるストリンガー氏と彼の支持者

から見れば、各地域が「自分勝手に」事業を展開しているように映るし、また多くの「ムダ」も目につく。

たとえば、ソニー本社が最重要商品として「世界同時発売」を考えた製品であっても、世界各地ではそれぞれの市場環境（例えば、年間で一番売上高が伸びる時期がクリスマス時期や年末年始、あるいは旧正月期、また地域固有の祭事の時であったりと違うため、足並みが揃わない事情など）に合わせて販売しようとするため、グローバルな販売戦略が思うように進まないことなどである。つまりソニー本社から見れば、グローバル経営の障害、「ムダ」と見えるのだ。

そこで、ストリンガー氏の旗振りのもと「コスト・カット」に目覚めた経営幹部たちが世界各地で展開していた製造拠点を集約（工場の売却や閉鎖）したり、テレビの設計部隊を東京一カ所に集めるなどの効率化に踏み出したのは、当然といえば当然である。一見すると、すべて良いことずくめである。

しかしひとたび、世界最大の市場・中国に目を移すと事情は一変する。

「市場の声」に耳を傾けなくなった

ソニーは中国市場でも、HD対応の液晶テレビ「ブラビア」を販売している。しかも高額なフルHD対応のブラビアは、中国の富裕層に人気で「SONY」ブランドの強さを改めて認識させられるほどだ。

だが、中国のテレビ局が流す番組は、ほとんどがSD放送である。つまり、HD対応のテレビを購入しても、ハイビジョンの美しい映像を見ることが出来ないのだ。それゆえ、ソニー製品の現地販売会社「ソニー・チャイナ」では、北京や上海の直営店「ソニーストア」でブラビアのHD映像の美しさをアピールするためひと工夫している。それはテレビ売場で、HD対応のブラビアにブルーレイ・ディスクレコーダーを接続し、映画作品などのHDコンテンツを流すことだ。そうすれば、来店客はHD映像の美しさを自分の目で確かめられるからである。

しかしそんな面倒なことをしなくても、HD対応のブラビアにDRCのLSIを一個搭載すれば、済む話である。そうすれば、中国の放送局が流すSD放送の番組をすべてハイビジョンクラスの映像に切り替えられるし、他社のHD対応テレビとの差別化も図れるので商品力のアップにも繋がる。

ただ「コスト・カット」を至上命題にするストリンガー体制下のソニーでは、それは出来ない相談であろう。「ムダ」を省いて作り上げたコストダウンのシステムを、そうそう見直すわけにはいかないからだ。しかし「市場の声」に耳を傾けることなく、成功した企業を私は聞いたことがない。

「A^3研究所」

コスト・カットの対象になるのは、技術だけではない。それを生み出した研究者やエンジニアにも及ぶ。DRCの開発者である近藤哲二郎氏も、そのひとりである。近藤氏は、ソニー前会長の出井伸之氏から「ソニーの二大異端」のひとりとして、ゲーム事業をソニーのコアビジネスに育て上げた久夛良木《くたらぎ》健氏（元ソニー・コンピュータエンタテインメント会長兼CEO）と並び称され、高い評価を受けた研究者である。

DRCが液晶テレビ「ブラビア」から外された二〇〇八年当時、近藤氏は業務執行役員SVP（常務に相当）で、A^3（エーキューブド）研究所の所長を務めていた。A^3研究所はDRCを含むデジタル信号処理の研究を始め十年先、二十年先の先端的な研究を行うために設立されたものだ。その後、A^3研究所よりもさらに先端的な研究を進めるために「IC

研究所」や「CB研究所」などが相次いで設立されたが、それらすべてを近藤氏はとりまとめる立場にあった。近藤氏が管轄する研究所は複数に及び参加の研究者や技術者は約二百名にも及んだ。

ソニーが二〇〇四年に韓国のサムスン電子と特許のクロスライセンス契約を結んださい、サムスン側がもっとも欲しがった特許のひとつにDRCがあった。DRCをクロスライセンスの対象にすることを執拗に求めるサムスン側に対し、ソニーはDRCを「差異化技術特許」として対象から外すのに苦労したと言われる。

それほど社外からの評価が高いDRCだったが、当時社長だった中鉢良治氏や中川裕氏(同・副社長)、木村敬治氏(EVP=専務に相当)らソニーの日本人経営首脳は「A³研究所は不要」で一致し、そしてそれは実行された。近藤氏のA³研究所長更迭、その後のA³研究所の解体と徹底していた。研究所の解体は、年間数十億円の予算を削るためだったと言われる。つまり、リストラである。

「異端児」近藤哲二郎の退社

近藤氏は、コーポレート・フェローという肩書きが与えられ、今後は大所高所からのア

ドバイスが主要な仕事となった。しかしそれは、あくまでも建前であって、現場を離れた研究者にとって陸《おか》に上がった河童も同然だった。

近藤氏の更迭とA^3研究所の解体は、それにとどまらず、彼の管轄下にあった二百名に及ぶ研究体制を白紙に戻すことでもあった。多くの研究者は元の職場に戻るか、会社が指定する新しい職場へ移って行った。また、それを機に退職を決断する者もいた。

しかしハイエンド（最上位機種）のテレビを作りたい、最先端の研究を続けたいという約二十名の研究員の熱意と、彼らにその場を確保してやりたいという近藤氏の思いが、彼らに険しくも希望に満ちた新しい道を選択させる。A^3研究所解体から約一年後の二〇〇九年八月、近藤氏と約二十名の研究員はソニーを退社し、新しい研究の場「I^3（アイキューブド）研究所」を立ち上げ、活動を開始したのだ。

「いままではソニーという場（研究所）が与えられて、われわれは研究に没頭できましたが、それがなくなったら新しい場を作るしかないじゃないですか」

さらに近藤氏は、新しい研究所の目的をこう説明する。

「テレビ産業が成熟して価格競争になったとき、（会社から）技術はもう要らないと言われるわけです。ソニーは全部、ハイエンドを止めますと宣言したから、われわれは場を失

ったわけです。新しい技術を作る前にそれを活かす場が必要ですから、それで（ソニーを）辞めて、次の場へ進みますということです。新しい産業を作らない限り、日本では研究開発はもう存在しないんです。アイキューブド研究所は、新しい産業の創出を目的とし、他の企業とコラボしながらその一翼を担いたいと考えて作りました」

近藤氏と行動を共にした安藤一隆氏は、退社の理由をこう語る。

「十年後の自分の姿を思い浮かべたんです。十年経ったら、私は五十歳です。そのとき、ソニーに残った場合と、この会社が十年後はどうなっているか分かりませんが、アイキューブドに移った場合を比べたら、自分が人間として得るものの大きさが違うだろうと思いました。真剣に両社を値踏みして考えて、自分の背中を自分で押して（I^3研究所）に入りました。後悔はしていません」

「人員削減は製造現場ですから」

ストリンガー氏が会長兼CEOに就任した二〇〇五年以来、コスト・カットの嵐がソニー全体を覆った。しかし「エレキの復活」を掲げたにもかかわらず、リストラ（人員削減）が重点的に行われたのは、開発・製造部門と販売部門である。モノ（製品）を「造

る」ところと「売る」ところを弱体化して、どうしてメーカーとしてのソニーの復活が果たせるのだろうかと、私は不思議に思ったものだった。

その疑問を不安に置き換えたのは、ちょっとした出来事からだった。

二〇〇八年九月にリーマン・ショックが起きたさい、米国市場に売上高の多くを依存していた日本の自動車メーカーや電機メーカーなどは大きな打撃を受けた。相次いでリストラや工場の操業一時停止処置などがとられた。ソニーも十二月に、エレキ事業部門を対象に一万六千名（正社員は八千名）の人員削減を発表した。

その発表を受けて、ある週刊誌の記者が私にコメントを求めてきた。そのとき、彼は躊躇いがちに、こう問いかけてきた。

「ソニーの広報にも取材したのですが、一万六千人という大規模なリストラですから、本社にも波紋が広がるといいますか、大騒ぎになっているのではないかと思い、対応された女性の広報の方に『本社も社員の方の動揺があって、大変でしょう』とまず社内の反応を伺ったんです。そうしたら、『いえ、（本社の社員には）動揺なんてありません。人員削減といっても工場などほとんど製造現場が対象ですから、本社には関係ありません』という返事だったんです。本当なんでしょうか。本社の広報が言っているのだから、そうかもし

れませんが、このまま信じて書いてもいいんでしょうかね。それにしても（メーカーの）広報がリストラは工場だから、本社は関係ないなんて言ってもいいんでしょうか」

私は一瞬、返事に窮した。

「たぶん、その女性の広報は新米だったんじゃないでしょうか。新入社員か、異動して間もないとか。で、よく分からず個人的な感想をつい話してしまったと。まさかソニー広報の統一見解とは思えません」

そう答えるのが、精一杯だった。しかし私の返事は、妥当なものとは言いがたかった。広報がメディアに話すとき、事前にオフレコないし個人的な意見と断らない限り、その発言は会社の意見や主張と受け止められてしかるべきだからである。しかし私は、あまりにもあり得ない広報の発言に戸惑ってしまったのである。

その後、その女性広報が課長級であること、決して「新米」とは言えないことが分かった。ソニー広報センターは、組織上、CEOの直属になっている。つまり、普段からストリンガー氏を始め経営首脳の発言や考えに触れる機会も多く、彼らの雰囲気からその気持ちを推し量ることも容易である。私が危惧したのは、彼女の発言も問題だが、それ以上に躊躇いもなく発言したことである。つまり、そのような発言が許されると彼女が信じるに

足る雰囲気が、ソニー広報ないし首脳陣にはあったのではないかということである。

オープンテクノロジーを支持

では肝心のストリンガー氏は、エレキ事業をどう見ていたのだろうか。

翌二〇〇九年一月、ストリンガー氏はエレキ事業に対する自らの考えを明らかにした。そしてその場となったのは、例年一月に米国のラスベガスで開催される世界最大の家電見本市「ＣＥＳ」の基調講演である。

ストリンガー氏は、こうスピーチした。

「消費者は、どこのメーカーの製品であっても同じサービスが受けられる、つまり（製品に）互換性があることを期待しています。ですから、私たちはオープンテクノロジー（標準規格）を支持します。消費者は、製品の価値をネットワーク上のサービスとコンテンツによるユーザー体験のクォリティに基づいて評価します」

オープンテクノロジーとは、誰にでも製品が作れるようにすることである。つまり、ストリンガー氏は独自技術にこだわった製品開発を否定したのである。「技術のソニー」を拒否し、製品開発や製品そのものに価値を認めないというのだ。

ストリンガー氏にとって、テレビを始め家電製品は「端末」に過ぎず、インターネットなどネットワークに繋ぐことでもたらされるサービスやコンテンツの価値こそが重要で、それらが「端末」に価値を与えるものなのである。それゆえ彼は、標準化され、使い易く手頃な価格であることが、ソニー製品に第一義的に求められていると考える。

つまりは、自社の端末が満足のいくものでなければ、他社から購入すればいいという考えになる。極論すれば、ネットワークに繋がる製品なら何もソニー製品にこだわる必要はなく、パナソニックでもシャープでもどのメーカーの製品でもいい。

「もの作り」そのものに関心がない

CESの基調講演後、私はストリンガー氏に発言の真意を質した。講演のスピーチ通りに受け取ると、ネットワークに繋がる製品はソニー製品である必要はなく、パナソニックでもいいということになるが、そう理解していいのかと。

「そうだ。パナソニックでもいい」

そうストリンガー氏は言うと、少し間を置いたあと、

「でもいまは、ソニー製品が素晴らしい。だから、ソニー製品でいい」

なるほどなあ、と心の中で呟いた。

もしストリンガー氏がエレキ製品に関心があるとするなら、それはすでに製品として出来上がったものか、完成間近で彼が想像できるものに限られているか、であろう。他方、創業者の井深大氏や盛田昭夫氏、ソニーのDNAを引き継ぐ経営幹部はプロダクト・プランニング（商品企画）を重視し、ゼロからの商品開発に情熱を注いだ、つまり「もの作り」そのものに価値を見出してきた。

だが、ストリンガー氏は「もの作り」そのものに関心がないのだ。その意味では、工場を持たないメーカー――標準化された廉価商品を外部の製造会社に委託生産させる販売会社、例えばパソコンの「デル」や液晶テレビの「ビジオ」など水平分業の申し子たちが、ストリンガー氏が目指すソニーのエレキ事業の理想像なのかも知れない。

二〇〇九年二月、ストリンガー氏は自分の意志を貫徹させるため、自ら社長を兼務するとともに「四銃士」と命名した新しい経営チームを発表した。それにともない、社長の中鉢良治氏は副会長に棚上げされ、AV（音響・映像機器）事業全般の担当役員だった井原勝美氏は副社長および取締役を退任して、子会社の取締役に転出することになった。二人の人事は、エレキ事業不振の事実上の引責とみられた。

会長兼CEOのまま社長を兼務することに対し、ストリンガー氏は記者会見の席上で、こう説明した。

「CEOは変革を推し進めるわけですが、そのために立ち上げた（経営）チームと協力する必要があります。直接協力するわけですから、（両者間に）他の人を置く、つまりレイヤー（階層）を設ける必要がない」

日本の企業社会では、社長は会社を代表する最高権力者だが、米国では最高権力者はあくまでもCEOである。そのCEOのストリンガー氏から見れば、社長の中鉢氏は「レイヤー」のひとつに過ぎなかったというわけである。

のちにストリンガー氏は、私に社長兼務のもうひとつの理由を明かした。

「（会長兼CEO時代の）出井さんがエレキの人たち（役員）に自分の意志を一生懸命伝え、（出井氏の意志通り）動いてくれるように頼んでいる姿を見ました。でも時間ばかりかかって、思ったような成果は出ませんでした。それで私は、自分とビジョンを共有する人たちに直接、自分の意志を話すほうが効果的だと考えたのです」

誰もテレビ事業に通じていない

これは、テレビ事業を始めエレキ事業全般の情報をCEOの自分に部分的にしか伝えてこなかった中鉢氏ら日本人経営者に対する不満の表れであり、それに対するストリンガー氏からの解答である。

たしかに、ストリンガー氏の判断には一理あるし、得心もいく。しかしそれには、ひとつ前提条件がある。社長を兼務することは「エレキの復活」、つまり「テレビの復活」を陣頭指揮することに他ならない。

そのためには、少なくともストリンガー氏はテレビ事業に通じていなければならない。また、彼の意志を実行する新しい経営チームのメンバーもテレビ事業に通じていることが求められる。この条件が満たされれば、CEOであるストリンガー氏がテレビ事業の建て直しで求めていること、あるいは適切な経営判断が経営チームに正しく伝えられ、ただちに実行に移される。

しかしストリンガー氏をはじめ四銃士の中にも、テレビ事業を経験した者はない。

平井一夫氏はソニー・コンピュータエンタテインメント（SCE）社長兼CEO（当時）で、ゲーム事業の出身である。本社勤務の経験はなく、グループ企業から本社のEVP（専務に相当）に抜擢されたエリートである。SVP（常務に相当）の石田佳久氏と鈴

木国正氏の二人は、ともにパソコンのＶＡＩＯ事業出身である。副社長の吉岡浩氏だけがエレキ事業の経験者だが、それもテレビではなくパーソナルビデオや携帯電話、オーディオ事業などである。

つまり、ＡＶ産業で最大の装置産業と言われるテレビ事業のオペレーションを経験した経営幹部がひとりもいないのである。

普通なら、これでどのようなテレビ事業復活の絵図が描けるのかと疑問に思うところだが、製品そのものに価値を見出さないストリンガー氏と四銃士にとって、ネットワークに繋がる製品であればソニー製にこだわる必要がないわけだから、別に何の問題も感じないのであろう。ソニーで満足のいく製品が作れなくなれば、外部の製造会社に委託するか他社から必要な製品を購入すれば、それで済むわけだから。

こうしたトップマネジメントの考えや姿勢は、当然、現場の幹部にも反映する。というか、ストリンガー氏の言葉に従えば、「自分とビジョンを共有する人」が幹部に登用されることになる。

二〇一〇年四月初め、私は液晶テレビ事業の責任者の吉川孝雄氏（当時、ホームエンタテインメント事業本部第一事業部長）に週刊誌の連載取材でインタビューした。もともと

はビデオ畑出身で、まったくの畑違いの異動だったが、そのことについて吉川氏自身は「テレビ事業は赤字でしたから、従来の文化とは違う異文化を入れてみたかったのではないでしょうか」と推測していた。

次は「デザイン重視」へ

吉川氏は、液晶テレビ「ブラビア」の二〇一〇年春モデルから差異化を画質に求めていた従来の視点を大きく変えている。おそらくソニーのテレビ史上、画質以外に差異化を求めた初めてのテレビ事業の責任者であろう。

「これまでソニーが差異化に力を入れていたのは、画質や音質だったわけです。ところが最近では、お客様の液晶テレビに対する視点（評価）が、まず自分が欲しくなるコスメティックデザイン（外装）になっている点にあるのではと強く感じられるようになりました。そこで今回は前面にガラスを貼った、私たちがモノリシックデザインと呼んでいるものにしました。お客様が、リビングに置きたくなるようなデザインです」

吉川氏の「画質からデザイン」重視への決断の背景には、世界各地で一般消費者を対象にした無作為アンケートの結果があった。各地で数千から一万人規模で行われたアンケー

ト調査によれば、液晶テレビ購入の際に一番重視する、つまり購入動機となるのは画質ではなく、デザインと答えた人が一番多かったという。

それにしても、テレビ・メーカーが画質向上よりもデザイン重視に商品設計の方針を転換したことは驚きである。それもそのメーカーが、技術重視でＳＯＮＹブランドを築いてきたソニーというのだから、分からないものである。

「技術のソニー」を捨てた日

テレビ局は最初、モノクロ放送からスタートした。それからカラー放送へ、標準（ＳＤ）放送からハイビジョン（ＨＤ）放送へ、アナログ放送からデジタル放送へ、そしてデジタル・ハイビジョン放送へと、たえず高精細で現実の被写体の姿に近い映像の放送を目指してきた。他方、テレビ・メーカーは、その高精細な映像をテレビ画面でそのまま再現するために高画質の研究開発に取り組んできた。

被写体（実物）をカメラで撮って映像（電気）信号に変える。しかし伝送されているうちに映像は劣化し、受像機としてのテレビに届いた時にはカメラで最初に撮った時とは比べものにならないほど悪くなっている。それを最初の映像に近づけようとする技術が、い

わゆる「絵作り」である。

さらに、テレビ画面が高精細になればなるほど、大画面で見たいというのが消費者のニーズである。そのため、テレビ・メーカーは大型化には限界があるブラウン管からプラズマや液晶などの薄型テレビの開発へと進む。

受像機としてのテレビの発展は、こうして「高精細（高画質）」と「大画面（大型化）」という二つの技術の流れ（変化）とともにあった。

他方、ソニーはテレビの本流である「画質」よりも「価格」や「デザイン」を選んだ。つまり、「技術のソニー」を捨てたのである。これはじつは、時代の変化、社会の変化が見極められなくなることでもある。

「技術の流れ」こそ死活問題

私は「変化」には三種類ある、と考えている。

ひとつは、社会の変化である。市場の変化と言い換えてもいい。つまり、ファッションなどに見られるトレンド、流行である。二つ目は、革命などいわゆる政治的な変革である。三番目が、技術の流れ（進化）である。この三つのうち、どの変化がメーカー経営の「指

針」となり得るものなのかと言えば、それは間違いなく三番目の「技術」である。流行は、いつどんなものが流行るか予測できないし、だいいち流行廃《はやり》りがあるものを「指針」にはできない。二番目の革命なんて、それこそいつ起こるかなど分からないゆえに、指針足りえない。

つまり三番目の技術だけが、将来を一定程度、予測できる「変化」なのである。大きな流れで言えば、「アナログ（技術）からデジタルへ」もそうである。デジタル時代の到来が分かるから、その準備ができる。

また、デバイスで言えば、真空管からトランジスタ、ＩＣ（集積回路）、ＬＳＩ（大規模集積回路）、ＶＬＳＩ（超大規模集積回路）へと演算素子が固体化する流れ（変化）を見極めれば、トランジスタを用いての商品開発に乗り遅れたとしても、ＩＣ時代で巻き返しができた。また、撮像管から「電子の目」と言われたＣＣＤ（電荷結合素子）やＣＭＯＳ（相補性金属酸化膜半導体）へと映像素子が固体化したのも、同じ流れである。技術の流れを見極めることこそが、エレクトロニクス・メーカーにとって死活問題だと言っていい。変化の波に乗り遅れれば、ビジネスチャンスを失うからだ。

その流れとは、繰り返しになるが、テレビの場合は「高精細（高画質）と大画面」が本

流である。

ネットと3Dに飛びつく

製品そのものに価値を見出さないストリンガー氏と四銃士をはじめとする彼の信奉者たちは、その流れから離れて受像機としてのテレビよりも、その周辺にどうしても関心が向くのである。その結果、彼らが飛びついたのは「トレンド」である。

ひとつはインターネットテレビ、もうひとつが3D（立体映像）テレビである。

二〇一〇年五月、ソニーはインターネット検索大手のグーグルとの提携を発表した。それは、グーグルが開発したOS（管理ソフト）「アンドロイド」と、インテルのMPU（超小型演算処理装置）をCPU（頭脳）に採用した「ソニーインターネットTV」（パソコン機能を持つテレビ）を秋には米国で発売するというものである。

他方、グーグルから見れば、それ自体がインターネットによるテレビ番組などのコンテンツ配信を狙った「グーグルTV」構想に含まれるひとつに過ぎない。グーグルは、オープンプラットフォーム（基盤の公開性）を基本戦略にしている。アンドロイドを中心としたグーグルTVのプラットフォームも、ソニーインターネットTV発売から一年後にはオ

ープンになる。つまり、ソニーインターネットTVと同じ製品を、誰もが作れるようになるのである。

その時には、OSをマイクロソフトのウィンドウズに、CPUをインテルに依存し「ウィンテル」と揶揄されているパソコンと同様、製品の差別化が難しくなって価格競争（安売り）という消耗戦を強いられる可能性は否定できない。オープンテクノロジーで製品を作るということは、このようなリスクを最初から抱え込むことなのである。

売れなかったインターネットテレビ

しかし結論から先に言えば、ソニーのグーグルTVは、コンテンツとネットワークの先進国・米国市場でさえ、二〇一〇年十月の先行発売後も思った以上に売れなかった。それゆえ、米国市場では価格競争という消耗戦に巻き込まれることもなかったし、日本市場では発売のメドも付いていない状況にある。

全世界の販売とマーケティングの責任者である鹿野清氏（SVP）は、ソニーインターネットTVの販売不振を認めたうえでこう説明する。

「私たちが一般に言っているインターネットテレビとグーグルTVとでは、その機能を含

めまったく違います。エンジン（処理能力）がまったく違いますから。だから、PCを本当に使い切れている人でなければ、（使いこなすのは）難しかったのかなと思います。ただグーグルさんとの共同なんで、グーグルさんが展開している国や地域といった問題がどうしてもあって、ソニーだけではなかなか戦略を決められないんです」

そこで液晶テレビ「ブラビア」に、むしろ一般のインターネットテレビの機能を取り込む方向で、たとえば人気の動画サイト「ユーチューブ」の低解像度の映像を改善することでインターネットの身近な楽しみ方の提供に努めているという。

もうひとつのトレンド、3Dも似たような状況にある。しかもソニーインターネットTV同様、3Dは昔からある技法で、誰もが3Dテレビを作れる。

「昨年（二〇一〇年）あれだけ、一生懸命に3D普及のため（宣伝やイベントなど）いろいろやったのですが、ひいき目で見ても全世界のテレビ市場で3Dが占める構成比は一〇パーセントぐらいですね。日本と中国は高いですが、西欧諸国だと一〇パーセントをちょっと切ってるんです。3Dをひとつの突破口にしようとしましたが、期待通りの市場が出来たかというと、残念ながら出来ていません」

と、鹿野氏は3D展開の苦しさを率直に語る。

さらに、こうもいう。

「これからの大型テレビは、たぶん3Dが付いて当たり前。かつ例の（一般の）インターネットに繋がること。だから、お客様の新しいテレビは、3Dやインターネットが付いて当たり前にだんだんなってくると思います」

しかし、ソニーインターネットTVにしろ3Dテレビにしろ、それが予想した以上に売れないのは一般消費者がそのふたつを「高付加価値」と認めていないため、大きな購入動機になり得ていないのではないかと私は思っている。

3Dテレビを本当に欲しいのか

私の疑問に対し、大手家電量販店の仕入れ担当者はこう説明する。

「（3Dテレビは本当に）売れているかと聞かれるのなら、その返事は『売れています』です。正確に言うなら、大型テレビを買おうとすると、ほとんどのテレビが3D対応になっていますから、必然的に3Dが売れることになるわけです。ですから、うちのお客様が本当に3Dテレビを欲しがっているかは疑問です」

さらに、こうもいう。

「（3Dに対する消費者のニーズが）『ない』というよりも、3Dで視聴する『モノ（番組）がない』からだと思います。たしかに3D放送はBSなどに一部ありますが、やはり地上波で始まらなければ、3Dテレビが欲しいという声はなかなか大きくならないのではと思います。消費者のニーズとして確かなのは、3Dのテレビの価格が2Dと同じになることですね。つまり、3Dだからといって、特別に高い付加価値を認めているわけではないんです」

家電専門誌の記者は、もっと厳しい販売現場の実態を伝える。

「3D対応が購入動機にならないことが分かりましたから、家電量販店のテレビ売場では、すぐに『高画質テレビ』として売り込み始めました。3D対応のテレビは2Dよりも高精細な画面になっているから、3D対応テレビは高画質テレビという理屈です。これが、正しいかどうか、技術的なことは私には分かりませんが、それで来店客への売り込みが成功して、『高画質テレビ』として売れているわけです。しかも3D用のメガネも、付けませんもの。メガネも安いものではありませんから、（3D映像を）見ないのなら必要ないというわけです。地域店（町の電気店）では、量販店ほどテレビの価格を下げられませんから、3Dメガネを『オマケ』として家族の人数分、タダで配っているところもあります」

3Dの致命的欠点

さらに興味深いのが、3Dテレビ購入者に対するアンケート調査の結果である。調査会社GfKジャパンの調査（二〇一一年四月二十八日から五月五日）によれば、購入者の七五・五パーセントが3Dテレビに何らかの不満を持ったという。その不満度がもっとも高いのが、視聴姿勢の制約であった。3Dを体感するには、テレビ画面の正面から正しい姿勢で見なければならない。プロ野球のナイター中継を寝転がって、ビールを飲みながら見たいなどとは思ってはいけないのだ。画面の下から3Dを見るなど御法度である。

しかしそれまで私たちは、テレビが置かれた居間などでくつろいだ姿勢でテレビ番組を楽しんでいた。テレビ画面は、可能な限り実像（被写体）に近づくため高画質になり、大画面になっていった。実像に近づけば近づくほど、長時間テレビ画面を見ても疲れず、むしろリラックスできた。それが、テレビのある日常（生活）である。

それに対し、3Dは「非日常」である。

人間は、距離感を目で測って焦点を合わせ、立体感を感じる。しかし3Dは、一種のトリックで目の錯覚を誘い、立体映像を作り出している。実際に存在しないものをあるよう

に見せるわけだから、長時間視聴すると脳が非常に疲れる。３Ｄを見て気分を悪くする人が出るのは、そのためである。

非日常が成立するのは、映画館や東京ディズニーランドなど娯楽施設における「非日常空間」の場である。映画を観る――それは、非日常を楽しむための消費者の行動である。照明が落とされた暗い部屋の一室で限られた時間内に映画を観ることも、現実には存在しない３Ｄも非日常だから成り立つのである。これは、３Ｄテレビ普及のかなり致命的な欠点と言えるだろう。

テレビ事業がことごとく失敗

ストリンガー体制下のソニーは「高精細、大画面」というテレビの本流から離れ、「技術のソニー」を捨てた。技術の代わりに彼らがソニーのテレビを委ねたのは、ふたつのトレンドだった。その「中間結果」を見てみよう。

液晶テレビ「ブラビア」からＤＲＣを取り去った翌年、二〇〇九年の薄型テレビの世界市場では、トップを占めたのは韓国のサムスン電子（二二・六パーセント）、二位にはソニーを抜いた韓国のＬＧ電子（一三・二パーセント）、三位に二位から後退したソニー（一

一・五パーセント）、そして四位にパナソニック（八パーセント）と続く（販売台数、米国調査会社・ディスプレイサーチ調べ）。

国内市場に目を転じると、液晶テレビ市場ではシャープが四〇パーセントで断トツの首位、二位に東芝（一九パーセント）、三位にパナソニック（一七パーセント）、そして四位がソニー（一三パーセント）である（GfKジャパン調べ）。

二〇一〇年も世界の薄型テレビ市場の順位に変動はなかったし、液晶テレビの国内市場でも順位に変わりはなかった。そしてソニーのテレビ事業は、二〇一一年三月期も七百五十億円の営業赤字を記録した。これで七年連続、営業赤字である。その間の累積赤字は、約五千億円と言われる。しかも二〇一一年八月時点で、翌二〇一二年三月期のテレビ事業の営業赤字が決定的になった。

はっきりしていることは、ストリンガー体制下で進められてきたテレビ事業の改革はことごとく失敗し、さらに事態は悪化していることである。これが、「技術のソニー」を捨てた代償なのである。

第五章　ホワッツ・ソニー

元声楽家の大賀典雄社長就任に周囲は驚嘆

生まれ育ちの良い会社

ソニー（当初は東京通信工業）の創業者は、井深大氏と盛田昭夫氏の二人である。しかし初代社長は、井深氏でも盛田氏でもない。井深氏の義父・前田多門氏である。前田氏は戦前は貴族院議員、戦後は東久邇内閣と幣原内閣の文部大臣を務めた政治家だった。社長に就任したのは、ちょうどGHQの公職追放令で文部大臣を辞任していた頃にあたる。設立当時、井深氏は代表取締役専務で盛田氏は取締役だった。

前田氏は義理の息子にあたる井深氏の事業を応援していたものの、技術はともかく資金繰りや財務面が心配で、学生時代からの親友で財界にも顔が広い田島道治氏（のちの宮内庁長官）に相談する。そこで田島氏は、若い技術者の集まりで海のものとも山のものともつかない小さな会社を本気で育ててくれる銀行家として、帝国銀行（現・三井住友銀行）会長の万代順四郎氏に話を持って行き、承諾を得るのだ。

他方、盛田氏の生家は、名古屋市近くの知多半島・小鈴谷《こすがや》村（現・常滑市）で三百年以上続く造り酒屋「盛田酒造」である。その老舗・酒造の長男として、盛田氏は生まれた。当主は歴代、久左ェ門を名乗るのが習わしで、盛田氏は十五代目になるはずであった。そのため、十歳の頃には父親に事務所や醸造所に連れて行かれて、商売のイロハから使用人

の使い方などまでマンツーマンで叩き込まれていた。

盛田氏の井深氏と起業したいという意志を尊重した父・久左ェ門氏は、次男を跡継ぎとし、盛田氏の応援に回る。彼もまた、前田氏同様、一番心配したのは資金繰りである。そこで、盛田酒造から経理の専門家として東京通信工業へ長谷川純一氏を送り込む。

こうして小さな会社ながら、東京通信工業は相談役に田島氏と万代氏が、監査役には長谷川氏が就任し、外部からは前田氏と久左ェ門氏が見守るという豪華なバックアップ体制が整うのである。その意味では、戦後生まれのベンチャー企業とはいえ、ソニーはきわめて生まれ育ちの良い会社だったと言える。

「ソニーの顔」に相応しいのは

四年後、井深大氏が代表取締役社長に就任し、盛田昭夫氏も専務取締役に昇任する。私たちがよく知るソニーの歴史の始まりである。これ以降、社長は井深氏から盛田氏、岩間和夫氏、大賀典雄氏、出井伸之氏、安藤國威氏、中鉢良治氏、ハワード・ストリンガー氏と引き継がれていく。

ただし私たちがソニーの「顔」としてよく知るのは、井深氏、盛田氏、大賀氏、出井氏

までぐらいで、トップとして名実共に「ソニーの顔」に相応しかったのは井深氏、盛田氏、大賀氏までかも知れない。というのも、ソニーのような技術志向や開発志向の強いコンシューマ・エレクトロニクスメーカー（家電メーカー）のトップには、画期的な製品開発や市場を牽引する商品もしくは世界的なヒット商品を導き出す才能が求められるからだ。

たとえば、井深氏にはトリニトロン・カラーテレビ、盛田氏にはウォークマン、大賀氏にはCD（コンパクト・ディスク）プレーヤーという一般消費者なら誰もが知るソニー商品を成功させた実績がある。つまり、「ソニーの顔」となるトップは、具体的なソニーらしい製品の開発・ヒット商品と結びついて一般消費者に理解されているのである。

それに対し、出井氏、中鉢氏、ストリンガー氏の三人には、そのような商品は存在しない。残る二人、岩間氏にはトランジスタと「電子の目」と呼ばれたCCD（電荷結合素子）の開発を通じてソニーの半導体部門の強化・育成という功績があり、それによってソニーの取材用のカムコーダー「ベータカム」は世界市場を席巻できたし、デジタルカメラやデジタルビデオカメラなどのヒット商品にも繋がった。安藤氏には、パソコン分野に出遅れていたソニーが最後の「賭け」として発売した「VAIO（バイオ）」シリーズを成功させたという功績がある。

しかし岩間氏は社長在任六年余りで病死し、ＣＣＤの完成を自分の目で確かめることが出来なかった。また、盛田氏の妹と結婚していたため、社長就任時に「世襲」、「盛田家の同族経営」といった批判をメディアから浴びせられたため、表舞台に出ることを控えたという経緯があった。安藤氏は社長時代、ＣＥＯとして権勢を振るう出井氏の前で遠慮があったのか、自分は「あくまでもＣＯＯ（最高執行責任者）」という立場に固執し、メディアにも積極的に登場することがなかった。そのため、社長としての彼の印象が薄くなったのは否めなかった。

他方、出井氏は代表的な商品を市場に送り出すことは出来なかったものの、いち早くインターネットをはじめとするネットワーク時代の到来とそれに対する新しいビジネス、ビジョンの提示などで注目を集め、それとともにメディアへの露出も多く、一時期「時代の寵児」となったことは周知の通りである。その意味では、国内外での知名度は比較的高かったと言える。

いまではソニーらしい製品が生まれないこともあって、代表的な製品と「ソニーの顔」が結びつかない。というか日本に居を構えず、必要な時に米国から来日する、しかも一カ月のうち一週間から十日間しか日本にいないトップが、そもそも日本に本社を置く日本企

業である「ソニーの顔」になれるものであろうか——私の素朴な疑問である。

私の素朴な疑問は同時に、「出井氏はエレキ製品にもエレキ事業にもまったく関心のない外国人を、どうして自分の後継者に選んでしまったのか」という疑念の裏返しでもある。その答えは、おそらく出井氏の社長・会長の十年にあるに違いない。どの時点で、出井氏は「ソニーらしさ」を捨て去るボタンを押してしまったのであろうか——。

出井社長誕生のなぞ

一九九五年三月、出井伸之氏は末席の常務から先輩役員十四名を飛び越えて、ソニーの新しい社長に決まった。記者会見の席上、社長の大賀典雄氏は出井氏を後継に選んだ理由を「消去法の結果」だと言った。大賀氏によれば、ソニーの社長の条件はまず「技術が分かる人」であること、同時にソニーは世界最大の映画会社（SPE）と音楽会社（SME）を持つことから「ソフトウエアに対する理解力」も必須条件だという。

この二つの条件をクリアしたのが、出井氏だったというのである。

しかし大賀氏の決断は、記者会見での発言のように理路整然としたものではなかった。いまでは周知の事実であるが、大賀氏には後継者に意中の人物がいた。「技術が分かる人」

ではなく、まさに「技術屋」だった。しかし彼が、スキャンダルを起こし候補者から外さなければならなくなったことから、大賀氏の後継者選びは「迷走」するのである。

大賀氏が次に後継者と考えた人物も、出井氏ではなかった。大賀氏が最後の最後まで悩んだのは、出井政権でCFO（最高財務責任者）として約二兆円の有利子負債問題を始め財務体質の改善に努めた伊庭保氏を後継者にすべきではないかという考えを振り払えないでいたことである。もともと子会社にいた伊庭氏を、ソニー本社の財務部門の建て直しのため呼び戻したのは大賀氏だった。その意味では、伊庭氏の実力と実績は大賀氏の認めるところである。

他方、目前に迫っていたデジタルネットワーク時代およびその社会でソニーはどう対応すべきかという「解」を持たない大賀氏にとって、未来のソニーのあるべき姿を提示するとともに具体的な戦略を提案するレポートを送り続けてきた出井氏は「解」を持つ唯一の存在であった。しかしソニーの新しいリーダーとしての才覚については、まったくの未知数であった。海外営業からスタートした出井氏のキャリアの中で、誰もが認める輝かしい功績がなかったからだ。

しかし大賀氏は、出井氏を後継者に指名する。それは、おそらく来るデジタルネットワ

ーク社会を「乱世」の時代と見なし、その「解」を持つ人材として出井氏を見極めたのであろう。つまり「平時の伊庭、乱世の出井」である。

「どうせ大賀さんの傀儡だろう」

だからといって、大賀氏は出井氏に全幅の信頼を置いていたわけではなかった。社長交代の記者会見で、新しい経営体制に触れた大賀氏の発言がそれを物語っている。

「私は、けっしてリタイアするつもりはありません。会社の最高責任者はあくまでもCEO（最高経営責任者）ですから、引き続きソニーの最高責任者として出井君が本当に将来のCEOになれるように勉強してもらうため一緒にやっていくわけです。いままで盛田さんと私が長年チームを組んできたのと同じように、今度は私と出井君がチームを組み、さらに橋本（綱夫、副会長に就任）さんにも補佐をしてもらいながら、三本の矢になってやっていこうということです。CEOというのは、COO（最高執行責任者、この場合は社長の出井氏を指す）と本当に肩を組んでやっていくということですから……」

あくまでもソニーのトップは自分であると主張する大賀氏。そこには、出井氏を選んだ自分の判断に対する一抹の不安があったのではないか。あるいは、いざとなったら自分が

ソニーの経営の手綱をとらなければという強い意志表明のようにも感じられた。

いずれにしても、それまで一度もポスト大賀で名前の挙がったことのなかった出井氏の社長就任に対し、社外からも懐疑の目が向けられたのは当然であろう。それは、ある競合メーカーの首脳が異例のトップ交代を「要は、大賀さんが〝副社長〟をひとり増やしたということだな」と揶揄したことにも象徴された。私に面と向かって「どうせ大賀さんの傀儡政権だろう」と言い切った業界の幹部もいたほどだ。

待ち受ける「規格統一問題」

一九九五年六月の株主総会を経て、出井伸之氏は正式にソニー社長に就任した。その新米社長の出井氏を待ち受けていたのは、いまにも売上高の半分に迫ろうとしていた借金問題だけではない。ソニーの経営の根幹を揺るがしかねない二つの大きな問題が、新しいトップの経営手腕を試すかのように控えていた。

ひとつは、DVD（デジタル・ビデオ・ディスク）の規格統一問題である。

家電業界は、家庭用VTR（ビデオテープレコーダー）という超ヒット商品で世界の家電市場を席巻して以来、それに続くヒット商品を生み出せずにいた。家庭用VTRは一ヒ

ット商品の枠を超えて、日本の家電メーカーが世界の家電市場を牽引し活性化させるリーダーの立場を与えた。それは、日本の家庭用VTR（VHS方式）が世界標準になったことに象徴される。

その強い立場を維持するためにも、日本の家電メーカー各社は、ポストVTRとなる製品開発に向けていろいろなアイデアを試みたものの、いずれも失敗に終わっていた。そんな中で、CDと同じ直径一二センチの光ディスク、いわゆる「画の出るレコード」という家電業界の長年の夢を実現したのがDVDである。ただし、DVDにはVTRの時と同様に二つの規格があった。ソニーとフィリップスが開発した「MMCD方式」と松下電器が開発し、東芝や日立、パイオニアが採用を決めた「SD方式」である。

当時の私は、この規格統一問題の取材の渦中にいた。

ソニーは、熾烈を極めた「ベータ対VHS戦争」の二の舞だけは避けたかった。そのため技術的に先行していたこともあって、家庭用VTRの時と同様、松下電器にMMCD方式の採用を呼びかけた。松下もまた、消耗戦となったVTR戦争を避けたいと考えていたから、両社の話し合いは当初スムーズに行くかのように見えた。しかし結論から先に言えば、両社の言い分はそれぞれあるものの、歩み寄りは成功しなかった。

陣営作りでは、ＶＴＲの時と同様、松下陣営がハリウッドの賛同を取り付けるなど日米欧で多くの支持を集め先行した。いや、九五年一月二十四日にＳＤ方式と賛同企業の名前を発表して以来、日本のメディアはＳＤ方式がＤＶＤのデファクトスタンダード（事実上の業界標準）になるだろうと書き立てた。つまり、ソニーの敗北を予想したのである。それに対し、ソニーでは社長の大賀典雄を先頭にＭＭＣＤ方式の技術的な優位性を主張して強気に出たものの、流れを変えることはできなかった。

松下ＳＤ方式に譲る

そのような状況下で、出井新社長は誕生したのである。

出井氏は、八月中旬にＳＤ陣営の盟主だった東芝を訪ね、社長の佐藤文夫氏に「信号変調方式についてのみ、ソニー方式を統一規格に盛り込む」ことを求め、そのひとつの条件さえ認めれば規格統一に応じる旨を伝えたのだった。佐藤氏は松下電器社長の森下洋一氏に連絡し、ソニー側の提案を伝えるとともに、東芝は条件を呑む意志があることを明らかにした。森下氏にも異論はなかった。

こうして、第二のＶＴＲ戦争は回避されたのである。

しかし出井氏の譲歩は、日本の多くのメディアでは「ソニーが事実上、自主規格を断念した」と大々的に報じられるなど「ソニー敗北」の印象が強かった。

それに対し、出井氏は私にこう説明したものだ。

「いま会社が変わらなければならない時に、これ（DVDの規格統一）に賭けたら、（ほかの）全部が吹っ飛んでしまう。だから、どっちかと考えたんです。もし（MMCDでの規格統一を）強行すれば、ソニーは日本の技術の中で生きているのに東芝や日立と話ができなくなる、情報的に孤立するんだよね。そんな大きなものと戦ったら、ソニーが変化する時にものすごい足枷になっちゃうんだ。それに、僕は譲歩したなんて思っていない。ここが、ビジネスだと思った」

そのとき、ソニーの技術系の中堅幹部が私を警戒することなく安堵の表情を見せたことが、とても印象的だった。

「正直言って、ホッとしました。もし（社長が）大賀さんだったら、強気一辺倒だったので（DVDの規格統一話は）まとまっていなかったと思います。出井さんが社長で本当に良かった」

コロンビア映画の惨状

もうひとつの問題は、ソニー・ピクチャーズエンタテインメント（ＳＰＥ）の経営再建である。

ソニーは、一九八九年にハリウッドのコロンビア映画（現・ＳＰＥ）を三十四億ドルで買収した。当時、日本企業による米国企業の買収額としては最高額であった。しかもコロンビア映画が抱えていた十二億ドルの負債も肩代わりしたため、実際の買収費用は四十六億ドル（約六千五百億円、当時の円換算）にも達した。しかもコロンビア映画は赤字会社で、当時、十六億ドルの損失を出していた。そのため、コロンビア映画の資産価値は三十億ドル程度と見られ、米国の映画業界からも「ソニーは高い買い物をした」と批判された。いわば、経営難に陥っていた会社を救ったのである。

なのに、コロンビア映画買収が伝わると、全米のマスコミからソニーは「アメリカの魂を買った」と叩かれ、ソニー・バッシングの嵐が巻き起こった。

この「高い買い物」を強行したのは、会長だった盛田昭夫氏と社長の大賀典雄氏の両首脳である。というのも、盛田氏には製品としては優れていたベータマックスがＶＨＳ方式のＶＴＲに負けたのは、ソニーがソフト（映画などの映像作品）を持たなかったからだと

いう反省があり、これからのAV（音響・映像機器）メーカーは、ソフトとハードのシナジー（相乗効果）によってのみ発展するという確信が生まれていたと言われる。

とはいえ、ソニーにハリウッドの映画会社を経営するノウハウもなければ、人材もいなかった。ハリウッドの事情に通じ、映画会社の経営に手腕を発揮できる人物に任せるしかない。経営者の人選には、大賀氏とソニー米国の社長兼CEOのマイケル・シュルホフ氏の二人があたった。

「大賀の息子」の専横

シュルホフ氏は、一九七四年にソニー米国に入社している。

仕事の飲み込みが早く、頭が切れたというのが、当時のソニー米国社内での評判であった。盛田氏を始め本社の幹部たちも彼を気に入り、仕事ぶりを評価したが、一番ウマがあったのは大賀氏だった。二人に共通する趣味――飛行機の免許を持ち、自分で操縦する――があったことも、二人の関係を近しいものにした。CBSレコードやコロンビア映画の買収が無事成功したのは、盛田氏や大賀氏の意向を受けて奔走したシュルホフ氏の貢献が大だったと言われている。

大賀氏たちがSPEの経営者に選んだのはハリウッドのプロデューサー、ジョン・ピーターズとピーター・グーバーの二人だった。しかし二人に経営の才能がまったくないことは、やがて明らかになる。買収から七年後の一九九六年に米国で出版された『ヒット&ラン』に内実が詳細に描かれていたからである。要するに、二人はソニーの資金を自分たちや家族の財布代わりに使うだけで、なんら仕事らしい仕事をしなかったし、SPEへの貢献もなかったというのである。

当然、二人の行為を止められなかった親会社で米国での地域統括会社であるソニー米国CEOのシュルホフ氏にも、責任の一端はある。いや、それどころかシュルホフ氏もまた二人に劣らずソニーの巨額な資金を「大作主義」の名の下、映画制作につぎ込んだ。そしてそれらのほとんどは、失敗に終わった。

シュルホフ解任

その頃には、買収費を含む投資総額は六十億ドルを超えていたと言われる。売上高が減少の一途を辿るなか、映画の不振をカバーしたのはテレビ部門やホームビデオ部門の堅実なビジネスであった。しかしそうしたSPEの惨憺たる状態が、東京のソニー本社にSP

Eの経営陣やシュルホフ氏から直接伝えられることはなかった。

出井氏がソニー社長に就任した時には、さすがに二人のプロデューサーは辞任に追い込まれていた。SPEでは、弁護士のアラン・レバイン氏が二人の残した問題の解決の処理にあたっていた。ただしシュルホフ氏は、依然健在であった。

ソニー本社の役員の多くは、シュルホフ氏が実力者・大賀典雄氏の庇護のもと、ソニーの米国子会社をあたかも自分の会社のように扱っていると感じ、強い不満を抱いていた。本社から見れば、ソニー米国は一種の治外法権の状態にあったからだ。しかし彼らは、ソニー社内で「大賀の息子」と呼ばれ、大賀氏から全幅の信頼を得ていたシュルホフ氏の首に鈴を付ける勇気はなかった。シュルホフ氏を問題視することは、ソニー社内ではタブーだったのである。

出井氏は社長就任以来、何度かシュルホフ氏に宛てて手紙を書いた。それは「戦略は(東京)本社の仕事であり、事業統括会社としてのソニー米国のあり方を見直す」というものであった。有り体に言えば、「今後、勝手な振る舞いは許さない」という本社社長の強い意志を示したのである。しかしシュルホフ氏は、ソニーCEOである大賀氏の信任が厚いことを過信して出井氏の「真意」を理解しようとしなかったし、同意もしなかった。

ここは、ソニーの新社長としての力量が問われる場面である。出井氏は決断し、社長就任から半年後の九五年十二月、シュルホフ氏をソニー米国社長兼CEOから解任（公式には辞任）した。もちろん大賀氏を説得し、了解を得たうえでの行動である。

ソニー本社では、快哉を叫ぶ幹部たちの姿が見られた。米国では、出井氏はもっとも有名な経営者の仲間入りを果たしたのだった。それまでの出井氏は、どうしてもソニーの実力者・大賀氏の「傀儡」という印象が拭えなかったからである。

二つのキーワード

経営者の最大のメッセージは人事である。

どんなに口あたりの良いことを言っても、それが本気なのか、本当に自分の意思を貫くつもりなのか――そのことを、幹部や社員は人事で判断する。シュルホフ氏の解任は、ソニーの舵取りは自分が行うし、戦略・方針を決めるのは東京のソニー本社であるという出井氏のソニー社長としてのもっとも強いメッセージとなったのである。

もちろん、社員や幹部に何を語りかけるか――言葉それ自体も重要である。

出井氏は社長就任後、すぐに二つのキーワードを使って全社員に呼びかけている。

ひとつは「デジタル・ドリーム・キッズ」で、もうひとつが「リ・ジェネレーション」である。出井氏によれば、前者は変化の「方向性」を示したもので、後者は「変化」の必要性を示したものだという。要するに、前者はソニーが今後「アナログからデジタルへ」（技術も製品もビジネスも）突き進むと宣言したようなものである。

後者については、出井氏は私にこんな説明をしたものだ。

「いままではダメだったから変わろうみたいなことを言うと、いままでやってきた人はがっかりしますね。それではいけないから、リ・ジェネレーションと言ったんだ。この意味は『再生』だから、いままでのことを悪いとは言っていない。ひとつのジェネレーションが来て、それをもうひとつ繰り返して行こうということですから、リ・ジェネレーションにはポジティブな意味がある」

さらに、こう言葉を継いだ。

「変化こそがソニーの本質であり、創業の精神。だから、僕は『変化が必要だ』とトップが言い切ることがすごく重要だと思ったんだ」

キーワードからは、大賀氏を始め自分よりも年配の先輩役員たちに対する出井氏の並々ならぬ配慮が窺われる。別の言い方をするなら、出井政権のスタート時の基盤がいかに脆

弱だったかの表れとも言える。
とはいえ、出井氏がソニーの全社員に向かって明確な方向性を打ち出したことは、特筆されるべきことである。社内が動揺したり社員が不安になるのは、自分の会社がどこへ向かっているのか、そしてそこでは自分は活かされるかどうかが分からない時だからだ。しかもソニーという会社は、目的を具体的に提示しその実行に経営陣が揺るぎのない意思を見せたとき、すさまじい「集中力」を発揮しやり遂げるというカルチャーがある。その意味では、出井氏の二つのキーワードはきわめて有効であったといえる。

「数字がすべてなんだ」

二年後、一九九七年三月期決算で、ソニーは過去最高の業績を記録した。

連結売上高　五兆六千六百三十一億円（対前年比、一二三・三パーセント増）
同営業利益　三千七百三億円（対前年比、五七・四パーセント増）
同税引き前利益　三千百二十四億円（対前年比、一二六・一パーセント増）
同当期純利益　一千三百九十五億円（対前年比、一五七・一パーセント増）

この好業績の背景には、前年五月の創立五十周年に備えて準備してきた「五十周年モデル」製品、例えばブラウン管式平面テレビ「WEGA（ベガ）」の大ヒットなどAV商品の売り上げが軒並み好調だったことが挙げられる。もちろん、五十周年記念モデルは大賀時代に仕込まれたもので、好業績のすべてが社長としての出井氏の功績ではない。しかし自分の社長時代に業績が飛躍的に向上したことは、出井氏に大きな自信を与えたことは否定できない。

そしてソニーは、翌九八年三月期も過去最高の業績を記録した。誰もが「出井ソニーの時代」を実感した。そのとき、私は出井氏のある言葉を思い出していた。たしか社長就任間もない頃だったと思う。

「創業者は創業者というだけで、求心力を持つ。ソニーでは大賀さんは創業者ではないけど、井深さんや盛田さんと創業期から仕事をしていたから創業グループという意味では同等の存在だと思う。でも僕は、違う。だから、数字（業績）が大切になる。（創業者ではない）僕は数字を出すことで求心力を持つ。数字がすべてなんだ」

まるで米国の経営者のよう

そのとき、私が思わず「サラリーマン経営者ですからね」と水を向けると、出井氏は「サラリーマン経営者なんておかしな言い方だよ。僕は『プロフェッショナル経営者』だと思っている」と力強く言い放った。

つまり出井氏は、自分は「プロの経営者」、「経営の専門家」というのである。恥ずかしながら、初めて聞く言葉だった。というのも私は、学者や経営評論家の経営（マネジメント）に関する本は読まないし、雑誌記事も読まないからだ。不勉強の極みだが、自分の目で見たもの、現場しか信用しないので致し方がない。その場は、自分の無知を耐えるしかなかった。

さらに出井氏は、報酬をめぐる大賀氏とのやりとりも教えてくれた。

「社長を引き受けるさい、大賀さんに『いまソニーが抱えている問題を全部克服して、バランスシートをフェアにしたら、それによって企業価値が上がった分だけ、それに見合う報酬を私に払うべきです。そうでないと、（ソニーの社長を）引き受ける人はいませんよ』と言ったのですが、まったく理解してもらえませんでした。大賀さんには『君の言っていることは、分からん』とはっきり言われました」

考え方としてはもっともだと思う反面、企業価値をどう計るのか、あるいは企業価値が

あがったらすべて社長の成果と言えるのかという疑問が私にはあった。いずれにしても出井氏の発想は、日本よりもまるで米国の経営者のようだなと思ったものだった。

大賀と出井の二重構造

自信は、得てして不満を醸成する。

国際企業・ソニーは、売上高の大半を海外市場に頼っている。とくに米国を含む北米市場は、最重要地域である。それゆえ、創業者の盛田昭夫氏の時代からトップ・ビジネスを展開してきた。ソニーの首脳陣はたびたび米国を訪れては、ソニーの新製品をアピールしたり、投資家に対してソニーがいかに将来性のある魅力的な企業であるかなどの説明会を開いてきた。それらは、ソニーのトップ、出井氏の重要な仕事でもある。

しかし出井氏が重要な案件について発言すると、メディアからも投資家からも必ずといっていいほど「それは、CEOも了解済みのことですか」とか「CEOの同意は得られているのですか」といった確認を求められた。そのたびに、出井氏は釈然としないものを感じずにはいられなかった。日本では「ソニー社長」に対して、そのような失礼な確認を求められることはない。なぜなら、企業の最高経営責任者は「社長」だからだ。会長は経営

の一線を退いたと見なされ、財界や業界などの対外的な活動が主たる業務となる。もし会長が経営に嘴を挟もうものなら、「院政」を敷くつもりかなどといって社会の批判に晒されることになる。

ところが、米国では会長や社長のタイトルはほとんど意味がない。CEOが最高権力者で、その判断・決断を実行する最高責任者がCOOと呼ばれる。つまり、社長兼COOの出井氏は、会長兼CEOの大賀氏の決断のもと、あるいは同意のもと業務を遂行している幹部と見られたのだ。つまりソニーの権力構造は、対外的にはデュアル・スタンダード(二重構造)になっていたのである。

数字(業績)を残し、国内外での評価も高まるなか、出井氏の不満は募るばかりとなった。社長就任から三年後、大賀氏は出井氏に「Co-CEO(共同最高経営責任者)」という肩書きを与えた。しかしそれはそれで、出井氏には不満だった。「Co」を私が「共同」と訳したところ、出井氏は「共同なんてまやかしだ。飛行機の副操縦士は『コーパイ』と言うだろ、その『コー』が『Co』だ。『コーパイ』を『共同操縦士』なんて呼ぶヤツはいない」と強い語調で否定した。

たしかに、出井氏のほうが正論のように思えた。実際、大賀氏は雑誌のインタビューな

どで「Co－CEO」の意味を問われると、「まあ、CEOの見習いみたいなものです」と答えている。こうした配慮のない大賀氏の発言が、出井氏のプライドを傷つけ、両者の関係をギクシャクさせていったことは否定できない。

大賀「会長復帰」を封じる

翌一九九九年六月、大賀典雄氏はCEOを出井伸之氏に譲る。ここで「社長兼CEO」が実現し、ソニーのデュアル・スタンダードは解消される。それを受けて、出井氏は新しい経営チーム（執行部）の結成にとりかかるのだ。

二〇〇〇年三月、出井氏は安藤國威氏を副社長兼COO、德中暉久《てるひさ》氏を副社長兼CFOに指名した新しい経営チーム「CEO、COO、CFO」を発表した。出井氏は「自分のジェネレーションの経営チーム」と自画自賛したものだった。ちなみに、新しい経営チームの正式なスタートは四月一日付けである。

ところが約一カ月後の五月八日、ソニーは大賀氏の会長退任と取締役会議長就任を発表し、出井氏の会長就任、さらに安藤氏の社長就任も併せて明らかにしたのだった。これは、いったいどういうことなのかと思った。出井氏があれほど嫌っていた経営のデュアル・ス

タンダードをわずか一カ月で再び復活させるなんて、どうしても直接に問いたださずにはいられなかった。

「本当であれば、私が会長なんかやめちゃって社長兼CEOで、安藤さんが副社長兼COOというのが一番正しい姿でしょう。結局、私の中の日本的なもの、それとの妥協の産物です。本来の形に徹しきれなかったのは、日本の社長と（ソニー）グループのCEOに求められる両方の役割を満たそうとしたら、身体がいくつあっても足りないみたいなことになるわけです」

つまり、ソニーグループ全体とエレクトロニクス事業を同時に見るのは肉体的に無理だから、二つの役職に分けたというのである。それでもおかしな話である。安藤氏は副社長兼COOでエレクトロニクス事業を担当していたわけだから、改めて社長にする必要はない。そこで、そんな説明では誰も得心できないと突っ込むと出井氏は、こう気持ちを吐露したのだった。

「大賀さんが取締役会議長に就任し、会長のポストが空席になっている。会長のポストを空席のままにしていたら、大賀さんがまた（会長に）復帰する可能性があった。それをさせないためにも、僕が会長になるしかなかったんだ」

もしこの発言が本音なら、要は自分の権力基盤を強めるために従来の正論を反故にしたということになる。どこまで信用していいものなのか、当時の私には判断できなかった。ただそうは言っても、権力基盤の強化というきわめて個人的な理由のほうが得心できたことだけは確かである。

「僕は出井君を認めない」

出井氏が大賀氏の会長復帰を恐れたとしたら、自分を後継者に抜擢してくれた大賀氏の信頼を失いつつあることを自覚していたからに他ならない。大賀氏は、創業者の盛田昭夫氏が亡くなった一九九九年以降、自分の後継者選びは間違っていたのではないかと疑問に思うようになっていた。そして二〇〇一年頃までには「失敗だった」と反省するようになったという。

その後悔の念が募ったためか、大賀氏は出井氏に対する不満をソニー内部だけでなく、社外でもしばしば口にするようになった。

「盛田さんはウォークマン、私はCD。だったら、出井君は社長になってから、どんなソニーらしい商品を世の中に出したのか。何も出していないじゃないか。僕が認めるソニー

らしい商品を出さない限り、僕は出井君を（ソニーのトップとして）認めない」

この発言には、大賀氏の思想が象徴的に表れている。

それは、大賀氏が普段から社員に口を酸っぱくして説いた「プロダクト・プランニング（商品企画）」の重要性、大賀氏の言葉を借りるなら「消費者の琴線に触れる商品」の開発と合わせて考えるとさらに鮮明になる。

大賀氏は、東京藝術大学出身の声楽家という異色の経歴の持ち主である。だから、米国のCBSと合弁で立ち上げたレコード会社「CBS・ソニーレコード」（現・ソニー・ミュージックエンタテインメント、SME）の成功や、ハリウッドの大手映画会社「コロンビア映画」（現・ソニー・ピクチャーズエンタテインメント、SPE）の買収を経て、大賀氏が「ハードとソフトは、ソニーグループのビジネスの両輪」という新しい経営観を宣言したとき、私たちは当然のことのように受け止めた。つまり、大賀氏の経歴もあって、彼をハード志向よりもソフト（あるいはエンタテインメント）志向の強い経営者というイメージでとらえていたのだ。

しかしそれは、出井批判の発言を見れば、間違いだったことが分かる。大賀氏にとって、ソニーはまずエレクトロニクス（エレキ）・メーカーであり、トップは「ソニーらし

い」商品の企画を推進し、開発現場に製品化させ、そして商品をヒットさせて初めてその責務を果たせたと言える。つまり、消費者の琴線に触れる「ソニーらしい」商品を市場に送り出せないトップなど、ソニーには不要だということである。

ベガとバイオ開発への貢献

たしかに出井氏には、ソニーらしい商品を市場に送り出しヒットさせた経験があるとは言えない。彼がもっとも熱心だったボックスビジネス（製品の売り切り）からの脱却、製品を売った後から始まるビジネス（定期収入）の取り組みも、その必要性を社内外で説いていろいろ挑戦したものの、実現したものはない。

強いて挙げるなら、ネットビジネスとして実現したものには店舗を持たないインターネットによる金融ビジネス（ソニー銀行やソニー損害保険など）、あるいはネット証券への投資ぐらいである。ソニー製品のネット販売、あるいはソニー製品をインターネットにつないだ配信ビジネスなどがあるものの、いずれもコアビジネスにはほど遠いし、いずれも後発組である。そしてソニーが初めて開拓したビジネスであっても、独自のものはない。出井氏はそうしたビジネスモデルの構築にも熱心だったが、大賀氏が希望する「ソニーらし

い」商品に匹敵するものはない。

だからと言って、出井氏が新しい製品開発にまったく関心がなかったと言えば、それはそれで言い過ぎであろう。

たとえば、トリニトロン・カラーテレビはたしかに「ソニーらしい」商品だったものの、発売が遅れるなどの理由でシェア獲得に苦戦し、万年四位と揶揄されたほどビジネスとしては成功したと言い難いし、累積赤字も決して少ない数字ではなかった。それをブラウン管式平面テレビ「WEGA（ベガ）」による起死回生の大ヒットで、ソニーのテレビ事業は一挙に黒字化し、その利益は数千億にも及んだと言われる。つまり、ベガの成功はトリニトロン・カラーテレビが残した赤字を補っても余りがあるほどであった。

その成功の大半は、ソニー独自のデジタル高画質技術・DRCをベガに搭載したことに負うところが多い。DRCを開発したのは、デジタル信号処理の研究者・近藤哲二郎氏である。近藤氏はソニーで最多の特許数（九五年当時、すでに四百件を超えていた）を保有する優秀な研究者であったが、事業部など商品開発を担当する幹部との折り合いが悪く、四百件を超える特許のうちひとつも商品化されていないという異常な状態にあった。そのような異常な状況を看過せず、近藤氏の才能を見出し、研究開発の場（研究所）を与え、D

RCの商品化を加速させたのが社長時代の出井氏である。

また、パソコン事業への再参入を決断し、その責任者に安藤氏を抜擢して「VAIO」ブランドの確立、ソニーのコアビジネスへの育成強化を託したのも出井氏である。平面テレビ「ベガ」とPC「バイオ」の二つの成功だけでも、出井氏はソニーのエレキ事業に大いに貢献したと言っても過言ではない。ただし出井氏は、ゼロから開発したソニーらしい商品を市場に送り出せなかったのもまた事実である。

関心が外へ外へと向かう

むしろ私が危惧したのは、出井氏の関心が社長時代の後半からなぜか社外へ、ソニーの経営と直接関係のない外部へと向かったことである。

特に留意したいのは、一九九九年一〜二月、例年スイスのダボスで開催される「世界経済フォーラム」年次総会（通称、ダボス会議）で、米国のルービン元財務長官とともに共同議長を務めたことである。

この会議は、各国の首脳や世界的な企業のトップなど著名人が参加する国際的な影響力を持つサロンである。こうした活動には、創業者の盛田昭夫氏でも会長時代の後半からし

か参加していない。社長就任四年目の出井氏が出席どころか、共同議長を務めることに対し「そんなにソニーの社長は暇なのか」などといった多くの批判が出井支持者からも飛び出したことは、ある意味、当然である。

その頃のソニーは、株価が低迷しロシアでの経営ミスが表面化していたこともあって、余計に出井氏の舵取りに注目が集まっていた。

しかし出井氏には、そうした批判は取るに足らないものであったようだ。

その年の十一月には、世界最大の自動車メーカーである米国のゼネラル・モーターズ（GM）の社外取締役に、二年後にはスイスの世界的な食品メーカー「ネスレ」の社外取締役に相次いで就任している。さらにその間、二〇〇〇年七月には森（喜朗）内閣で内閣官房「IT戦略会議」議長を務めている。しかしその数カ月前には「CEO／出井、COO／安藤、CFO／徳中」という新しい経営体制が誕生しており、この体制で結果を出さなければ、「出井社長時代の五年間」の真価が問われる正念場にあった、のにである。

その後は、出井氏は経団連副会長までも引き受けている。

きっかけはサンバレー会議

なぜ出井氏の関心は「外へ、外へ」と向かったのであろうか。

ひとつの手がかりは、一九九七年、出井氏が米国アイダホ州サンバレーの別荘で毎夏行われるレトリート（インナーサークルの会議）に招待されたことにあると私は見ている。出席者はインテルの創業者であるアンディ・グローブやマイクロソフトのビル・ゲイツ、世界最大のメディア企業・ニューズ社のルパート・マードック、ディズニーのアイズナー、タイム・ワーナー会長のジェラルド・レビンなど錚々たるメンバーである。

出井氏が招かれたのは、ソニー米国の社長（当時）だったハワード・ストリンガー氏の舞台裏の画策が奏功した結果だった。出井氏はマイケル・シュルホフ氏を解任したあと、しばらくソニー米国社長兼CEOのポストを空席のままにしていた。他方、SPEにはハリウッドでも人望の厚いジョン・キャリー氏を社長に迎え、直接レポートを受ける体制を敷いていた。SPEの経営の見通しにメドが立ったところで、出井氏がソニー米国の新しいトップに選んだのが、全米三大ネットワークのひとつCBSで、全CBS放送グループ社長を務めたあとケーブルテレビに転じていたストリンガー氏だった。

サンバレーの経験は、出井氏にはきわめて刺激的だったようである。私も幾度となくサ

ンバレーの話を聞かされた。そこで味わった世界のビジネスを牽引し実際に動かしている要人たちとの触れ合いや懇談は、出井氏の経営観にも大いに影響したように感じた。例年開催されるサンバレー会議に出席して超一流の人たちと交流することは、常連となった出井氏の知的好奇心を十分に満足させたようである。時には、出井氏は自分の話を理解しない、将来有望の中堅幹部をサンバレーに連れて行くこともあった。そんな時、一瞬にして自分の言っていた意味を分かってくれたと興奮気味に話すこともあった。

しかし当の中堅幹部に確認すると、事情は少し違った。

「だって、立石さん、相手は創業者かオーナー、あるいはそれに準ずるような人たちばかりですよ。サラリーマンの僕に、いったい何を感動しろというんですかね。まったく参考にならないし、別世界の人たちです。出井さんが何で、興奮するのか分かりません」

もともと同じサラリーマンの出井氏が、別世界の人たちといくら親しくなれたとしても、それはあくまでも「世界のソニー」のＣＥＯだから受け入れられたことであって、出井氏本人とはあまり関係ないという認識なのである。

出井の中に感じた違和感

私は、この時に出井氏は何か勘違いをしてしまい、自分も世界経済を動かしているひとりになったとでも思ったのではないかと考えた。だから、第三者のようにソニーを外から論評し、動かそうとしているように見えた。たとえば、その後、出井氏は経営者に必要な資質として「抽象化する能力」を挙げるようになる。つまり、個別具体的ではなく、一般論的抽象的に考える能力である。

これは、私が初めて出井氏に対し強い違和感を感じた時である。

抽象化とは、個別具体的なものから共通するものを選びだし体系化することである。一般化と言い換えてもいいが、要は形式知である。それゆえ、誰もが納得する理屈が生まれる。私に言わせれば、それは学校の教科書を作る作業と同じである。

経営者、つまり実業家は矛盾だらけ、問題だらけの現実と対峙し、その中から固有の解決策を見出すものだ。教科書をテキストにして経営する者は誰もいない。なぜなら、テキストは過去を抽象化したものだが、経営者は現在、未来と向き合って仕事をするからである。当然、テキストなどない。

経営方針説明会か経営に関する記者発表の時だったと思う。

ひと通りの説明を終えたあと、壇上の後方の壁に経営学者のドラッカーの肖像か彼の書物が大写しになったことがあった。そこで出井氏は、ドラッカーの経営論がいかに優れているか、ひとしきり話した。言うなれば、ドラッカーが予測した社会がやってきたというところであろうか。私は出井氏の意図が分からず、呆然としていた。

ただ私は、出井氏が個人的にドラッカーの経営理論を信奉することに異論を唱えるつもりはなかった。しかし記者発表という公式の場で、しかもソニーの経営に関して経営学者のご託宣を持ち出すとは正気の沙汰とは思えなかった。ソニーはドラッカーの経営理論に則って経営されているものなのか、もしそれが失敗に終わった場合、ドラッカーに責任を転嫁するつもりなのか――ソニーに何か異変が起きているなと感じた。

「薄型テレビ」で出遅れ

ソニーが一九九七年三月期、翌九八年三月期と二年連続で過去最高の業績を記録したのは、創立五十周年を記念して準備された「五十周年モデル」から相次いでヒット商品が誕生したからである。しかしそれらは、すべてアナログ製品である。デジタルへ大きく舵を切った出井氏にとって、業績の好調なうちに画期的なデジタル製品を開発し、ヒット商品

を生み出す必要があった。

もちろん、そんなことは重々承知の出井氏のはずなのに、彼の動きは鈍かった。「デジタル家電の三種の神器」と呼ばれた薄型テレビ（プラズマ、液晶）、ＤＶＤレコーダー、デジタルカメラのいずれも他社よりも出遅れていた。とくに薄型テレビは、地デジ放送が開始される二〇〇三年からブラウン管テレビを押しのけて主流になっていたものの、ソニーには売る自前の商品がなかった。

なぜ、そんなことになってしまったのか。

サンバレー会議の経験から約一年半後の九八年十月、出井氏は社内の技術発表会の席上で興味深い発言を行っている。それは、ネットワーク時代では独立した商品としての家電製品の価値が奪われると断言したことである。その例として加入者を増やし通信料で利益をあげるためにタダで配る携帯電話のビジネスモデルなどをあげた。その波は、テレビにも及ぶと予測までしてみせたのだ。

「テレビ画面の明るさだとか解像力の美しさなど問題にならなくなる。大事なのは中身（コンテンツ）であって、誰がその中身を作り、誰がそれを配信するネットワークを支配するかである」

たしかに、一般論としては成り立つ議論かも知れない。

では世界有数のＡＶメーカーであるソニーにとって、売上高の七〇パーセント以上をエレクトロニクス製品が占め、そのうちテレビ事業の売上高が一兆円を超えているとき、メーカーのトップがテレビ画面の美しさなど問題ではなく、コンテンツやネットワークが重要だと言うことにどのような意味があるのだろうか。

ソニーという個別具体的な問題に向かい合うのではなく、出井氏はまさに抽象化した思考でメッセージを発している。大学などの講義ならともかく、競合他社との厳しい戦いに晒されているビジネスの現場では「戯言《たわごと》」に過ぎない。もちろん、そういう時代がいつ来るか想定出来るのなら、そこまでのロードマップを示せば、出井氏のメッセージもある程度は有効になったかも知れない。

だいたい出井氏は、ＡＶ産業最大の装置産業であるテレビ事業のオペレーションを経験したことがない。家電製品の「王様」と言われるテレビを携帯電話などと同列に論じること自体、出井氏のメッセージは説得力に欠ける。出井氏が重要視するネットワークから考えても、家庭内ネットワークの中心となるテレビは他の電気製品とは違う。ちょっと古い言い方だが、「ディスプレイ（テレビ）を制するものはマルチメディアを制する。マルチ

メディアを制するものはディィスプレイ（テレビ）を制する」としばしば指摘されたのは、家庭内ではテレビがネットワークの「窓」になるからである。

大賀の悪い予感

出井氏のハード軽視の姿勢が研究開発現場に直接影響したかどうか定かではないが、ディスプレイ・デバイス（表示機器）がブラウン管からプラズマや液晶などのパネルに移行しつつあったのにもかかわらず、ソニーのテレビ事業部門の動きは鈍かった。ブラウン管式平面テレビ「ベガ」の売り上げが好調ということもあったのかもしれないが、経営企画部門長の「（ベガが）売れているから、いいじゃないか」のひと言で十分な検討もなされなかったと言われる。

繰り返しになるが、テレビの歴史は「高精細化と大画面化」である。ブラウン管は物理的に大画面化には限界があり、大画面化には別のディスプレイ・デバイスが必要なのは自明の理であった。だから競合他社は、ブラウン管式平面テレビでの巻き返しを諦め、急速に薄型テレビの開発に方向転換したのである。

しかし製品に価値を見出さないソニーでは、その結果、薄型テレビに出遅れ、パネルを

外部から調達せざるを得なくなる。その顚末は、前章で詳細に触れているので、ここでは概略に止める。出井氏の後継者となったストリンガー氏の時代にはハード軽視は加速し、ソニーのテレビは「画質よりもデザイン重視」とするテレビ事業部長も生まれ、低価格路線をまっしぐらに走る。

しかし二〇〇五年からのテレビ事業の赤字体質は解消されることなく、二〇一二年三月期で八年連続営業赤字が確定することになった。そのうえ、シェアを取るために低価格路線に転向したにもかかわらず、二〇〇九年には世界のテレビ市場でのシェアは韓国の電機メーカー・LG電子に抜かれて第三位に後退し、国内市場では第四位にまで落ちている。

大賀氏が一九九九年時点で、ここまで見通していたかどうかは分からないが、九七年のサンバレーの経験以後の出井氏の言動に対し、エレキ事業を中核とするソニーのトップとしていかがなものかと疑問に思い出したとしても不思議ではない。それは、大賀氏にとってソニーの将来に十分な不安を抱かせるものであったろうし、自分の後継者選びが間違っていたと思わせるに十分であった。

政権の基盤強化を狙う

その後、大賀氏は取締役会議長から名誉会長へと経営の表舞台から遠ざかっていくが、彼の重臣たちは依然としてソニーの要職にあり、影響力が大きく衰えることはなかった。それゆえ自分を社長に抜擢してくれた大賀氏の信頼を失うことは、出井氏にとって大きな痛手であった。

そこで出井氏は、自らの政権の基盤強化に向かう。

ひとつは、「企業改革」の名の下に自分が理想とする経営モデルの導入、新しいソニーを作り上げることである。もうひとつは、自らを「プロフェッショナル経営者」と位置づける出井氏にとって、求心力の源は「数字」（業績）である。そのための、利益の確保・拡大を狙った新しい業績評価基準の導入である。

バーチャルな経営体制

大規模な企業改革に着手したのは、九九年三月に発表した「21世紀に向けたソニーの企業改革」である。

ここで出井氏は、ソニーグループを「統合・分極型」と名付けた経営体制で運営するこ

とを明らかにした。いまもそうであるが、ソニーにはエレクトロニクス・メーカーという事業会社の一面と、グループ企業の持株会社という別の面がある。たとえば、米国には映画会社のSPE、音楽会社のSME、エレクトロニクス製品の販売会社であるソニー・エレクトロニクス（SEL）などの親会社（持株会社）であるソニー米国が存在する。そしてソニー本社はソニー米国の親会社である。

つまり、事業会社が持株会社の親会社でもあるという歪《いびつ》な組織体制を変更し、ソニー本社をグループ企業を管轄する持株会社と、事業会社に分けるというものである。

さらにソニー本社のエレクトロニクス事業も「三つ」の事業ユニットに分割し、それぞれに大幅な権限を譲り、自律性を持たせることで一種の「株式会社」にしてSPEなどと同列に置くというものである。

出井氏によれば、従来の本社は「アクティブ・インベスター（長期的視点から投資先の成功を求める投資家）」として、事業ユニットの業績の目標設定やその評価などを行うものの、オペレーションには直接関与しない。各事業ユニットは独自の判断で経営を行い、与えられた業績目標の達成に専念することになる。強い求心力を持つ本社（統合）と自律性を持つ事業ユニット（分極）による経営体制である。

海外の事業会社に対しては、グループ戦略本社を構築し、新しいソニー本社がその役割を担うとしている。

しかし問題なのは、これらがすべてバーチャル組織であることだ。

一種の投資銀行であるアクティブ・インベスターとしての本社は、おそらく持株会社のような組織を前提としたものであったと思われる。しかし実体のある組織として存在しない以上、現実のオペレーションの中で「統合・分極型」の経営が期待通りに機能するはずはなかった。「存在が意識を規定する」という言葉もあるように、バーチャルな世界では人間の意識はそうそう変わるものではない。実際、このシステムが成果を出すことはなかったのである。

現場社員の「諦め」と「戸惑い」

一年後、出井氏はバーチャルなアクティブ・インベスターに代わって、グループ本社組織として「eHQ（イー・ヘッドクォーターズ）」を設立した。翌二〇〇一年には、eHQを発展的に解消し新設したものとして「グローバル・ハブ（GH）」が発表された。さらにエレクトロニクス事業の本社（機能）として「エレクトロニクスHQ」までもが、新設

されたのだった。以降、組織改革も毎年のように繰り返され、いつの間にかネットワークカンパニーは形骸化され、権限はさらに下部組織として新設された二十五のカンパニーに委譲され、若手幹部がプレジデントに登用されることになった。

このような次から次へと見慣れない名称の登場と繰り返される組織改革は、私には説明された時は分かったような気持ちになるものの、すぐに忘れてしまうものだった。とにかく「抽象的な」話ばかりなので、それが現場でどう理解され、日常の業務にどのように活かされているのかを知りたくて取材するのだが、現場の社員からは「諦め」と「戸惑い」しか返ってこなかった。

「たしかに組織変更はしばしば行われていますが、私たちの日常の仕事がとくに変わるわけではありません。（所属の）組織名が変わっても働く職場が同じだったりで、大きく変わるわけではありませんから。本社がｅＨＱであれ、ＧＨであれ、エレクトロニクスＨＱであれ、私たちには関係ありません」

こういった話を何度聞かされたことだろうか。そして名刺交換するさい、前の組織名（カンパニー）のままのことも少なくない。そんなとき、決まってこんな言い訳が続いた。

「新しい名刺に変えようとも思ったのですが、どうせ来年も組織変更で名前が変わるかも

しれませんから、変える意味もないなと思い、そのまま使っています。（職場の）電話番号も所在地も同じですから」

出井氏の改革への熱意とは裏腹に、現実の現場は醒めたものだった。

凄まじい「業績評価基準」

しかし一連の「改革」で、バーチャルでなく社員が肌で「変化」を感じ取ったものがある。それは、新しい業績評価基準「ＥＶＡ（経済的付加価値）」の導入である。

ＥＶＡは、米国のコンサルタント会社が考案した財務指標である。計算としては、税引き後営業利益から資本コストを引いたものである。簡単に言えば、投資に対しどれだけリターン（利益）を得たか、つまり儲けたかが評価の対象となる。対象は企業だけでなく事業投資やプロジェクト、いまでは役員や日常の業務管理、従業員の業績評価の指標としても使われるようになっている。

ただしＥＶＡには、既存のビジネスが利益を生み出している時は評価基準としては適しているが、当面利益を考慮できない先行投資などにはなじまないといった問題を含んでいた。というのも、ＥＶＡの値をよくするには、既存ビジネスの改善や不採算資産の売却、

資本コストの削減などが考えられるが、いずれにしても設定された評価基準に沿って仕事を進めようとするようになるからである。つまり評価基準を満たすためには、税引き後営業利益を増やすしかないから、いわゆる売り上げ至上主義に陥り目先の利益だけを追い求めることになる。

しかもEVAは概念の難解さのため、実施にあたっては専門のスタッフが必要であり、彼らは本社スタッフとしてガバナンスに加わることになる。しかしそれによって、本社は現場感覚をいっそう喪失することになり、投資銀行のようにソニーを運営しようとする経営陣は「技術のソニー」として市場を牽引してきたソニーの商品企画・開発力の強さを見失い、本社は急速に官僚化していったのだった。

二十五人のプレジデント

このEVAの最大の被害者は、出井氏が自慢した若い経営者、二十五のカンパニーのプレジデントたちであった。しかも彼らは、ひとつの「会社」を経営するに十分な訓練と勉強時間を与えられたとは言い難かった。彼らのマネジメント力が評価されたのではなく、何らかの功績によってプレジデントに抜擢されたと言った方が適切であろう。功労に対し

ては報酬を与え、地位を与えるべきでないことは人事の常道だが、出井氏ら経営陣は彼らの「若さ」と「才能」に賭けることにしたのだった。

十分なマネジメント力を持たない彼らにとって、EVAはビジネスの憲法のようなものであったろう。EVAの数値をよくするため目先の利益確保に奔走し、部下のモチベーションを上げることに心を砕くのではなく持ち慣れない権力に当初は戸惑いながらも、その絶大な効果の前に膝を折り、恐怖政治に活路を見出そうとする。そして職場は活気を奪われ、「ソニーらしい」製品の開発など夢物語となる。だいたい、EVAではヒット商品を出しても開発コストが嵩めば、低い評価しか与えられなかった。

それゆえ、目先のことであっても目標とする利益さえ確保できれば、プレジデントとして評価され、自分の地位は安泰である。しかしそれは、二番手商法、三番手商法を良しとすることと同じで、ソニーを死に至らしめる行為に他ならない。

最初のほころびは、二〇〇二年三月期決算でエレクトロニクス事業が営業赤字を記録したことである。バブル崩壊後の家電不況が続くなか、「ひとり勝ち」とまで言われたソニーの快進撃に翳りが見えた瞬間だった。営業赤字は八十二億円と巨額ではなかったが、求心力に衰えが見える出井氏にとって看過できる数字ではなかった。

「ソニーショック」という審判

そんななか、翌二〇〇三年四月、ソニーショックが起きる。

連結業績（二〇〇三年三月期）では、エレクトロニクス事業は赤字から一転、四百十四億円の黒字に転換していたし、連結営業利益も一千八百五十四億円の黒字だった。しかし併せて発表された第4四半期（〇三年一月から三月）で、エレクトロニクス事業は一千百六十一億円の巨額な営業赤字を出していたのだ。さらに次年度の連結業績予想で営業利益を二〇〇二年の三〇パーセント減少としたことで、市場はソニーの将来に大きな不安を感じ、ソニー株の投げ売りが始まる。株価は二日連続ストップ安を記録したのち、ソニー株暴落の影響は電機業界に止まらず、さらに日経平均株価をバブル崩壊後の最安値まで押し下げたのだった。

これが、ソニーショックと呼ばれた一連の現象である。

ソニーショックの原因については、ソニー側を含めいろいろな解説がなされている。しかし私は、ここでは原因解明よりも市場からのソニーに対する何らかのメッセージだと見た場合、どう受け止めるべきかを考えたい。

市場の不安は、ソニーのエレクトロニクス事業の将来性に対する疑問から生じたものである。ソニーは、出井氏の号令のもと「アナログからデジタルへ」大きく舵をとったにもかかわらず、デジタル家電への対応が他社よりも出遅れていた。「デジタル家電の三種の神器」のひとつ、薄型テレビは〇三年時点で自前のパネルで作った商品として持ってもいなかった。DVDレコーダーやデジタルカメラも似たようなものだった。つまりエレクトロニクス事業では、ソニーはかつてのような高収益企業であり続けられないのではないかという不信感が、市場にはあったのだ。

原点をわすれてしまった

一九九七年に出井氏がハード（家電製品）の品質よりもコンテンツとネットワークの時代だと言明したにもかかわらず、市場はソニーをエレクトロニクス・メーカーとしてしか見ていなかったし、また評価していなかったのである。それゆえ、エレクトロニクス事業の不振からソニーの将来性を疑問視したのである。

また、他に類を見ない複雑で世界的な企業グループに成長したとはいえ、CEOの出井氏の発案による経営システム、投資銀行のような手法でソニーグループを運営しようとし

た試みに対しても何ら評価していなかったのである。

市場がソニーに望んでいたのは、エレクトロニクス・メーカーとしての成功であり、高い成長性である。そのための企業改革なら、喜んで高い株価で評価したであろう。有り体に言えば、二〇〇二年に全米でSPE製作の『スパイダーマン』が大ヒットしたが、それで株価が上がったか、ということである。

それは同時に、出井氏が「ソニーは、どんな会社なのか」を忘れたことでもある。

創業時の会社設立趣意書には「真面目なる技術者の技能を、最高度に発揮せしむべき自由闊達にして愉快なる理想工場の建設」や「不当なる儲け主義を廃し、あくまで内容の充実、実質的な活動に重点を置き、いたずらに規模の大を追わず」といった文言が続く。出井氏がソニーをコンテンツとネットワークの企業にしたいと考えたとしても、〇三年の時点では市場は拒否したのである。ソニーはエレクトロニクス・メーカーであるという原点に立ち返り、もっとエレクトロニクス事業に真剣に取り組めというメッセージだったと私は考えている。

その後、出井氏は一転してエレクトロニクス事業の強化を打ち出すが、〇四年三月期の連結業績でエレクトロニクス事業は減収で三百五十三億円の営業赤字に陥っている。そし

てエレクトロニクス事業の業績悪化は、出井氏の経営責任を問う声へと広がっていく。役員会でも出井氏の責任を問う声は日増しに強まるとともに、社内からもメディアからも出井批判は大きくなっていった。

出井氏の「コンテンツとネットワーク」路線は、ソニーを大きく変質させ、「顔」のない企業にしつつあった。

第六章　黒船来襲

出井・安藤体制からストリンガー・中鉢体制へ

新任COOを追い返す

二〇〇三年四月のソニーショック以後、急速な業績悪化にともない、会長兼CEOの出井伸之氏に対する経営責任を問う声は日増しに強くなっていった。

社内で出井批判の先頭に立っていたのは、家庭用ゲーム機「プレイステーション（プレステ）」と「プレステ2」の成功で、ゲーム事業をソニーグループのコアビジネスに成長させていた久夛良木健氏（当時、ソニー・コンピュータエンタテインメント社長兼CEO）である。

その功績をバックに、久夛良木氏は本社の副社長に就任し、半導体事業やテレビなどAV事業全般を担当していた。家電メーカーにとってキーテクノロジーである半導体、そしてエレクトロニクス事業の本流を担当した久夛良木氏は、まさに「日の出の勢い」、あるいは「飛ぶ鳥を落とす勢い」であった。社内外の誰もが、久夛良木氏を「ポスト出井」の本命としたゆえんである。

その久夛良木氏は役員会などで、出井氏が社長就任以来してきたことすべてが過ちで数千億円もの巨費をドブに捨てたも同然だといった批判を繰り返したのだった。

じつは出井氏と久夛良木氏との間には、ちょっとした因縁があった。

ソニーショックの二年前、二〇〇一年の春先、出井氏はソニー・コンピュータエンタテインメント（SCE）のCOO（最高執行責任者）に、本社常務だった野副《のぞえ》正行氏を任命した。本社から子会社への役員派遣は、どの企業でも見られる、珍しくもない普通の人事異動である。当然、久夛良木氏も当初は了承した。しかし野副氏が就任の挨拶のためSCE本社に出向いたところ、久夛良木氏は露骨ではないものの明らかに敵愾心ある対応で野副氏を迎えたのだった。

そして間もなく、久夛良木氏は一度は了承したはずの野副氏のCOO就任に断固反対の姿勢を露わにし、本社CEOの出井氏に白紙撤回を求めたのだった。内示段階ならともかく、一度発令された人事を子会社の社長が拒否するなど前代未聞である。

しかし結論を言えば、まともな会社では起きないことが、国際企業ソニーで起きた。野副氏のSCEのCOO就任は白紙撤回され、彼はソニー本社に戻されるのである。出井氏の権力基盤が、いかに脆弱なものかを社会に晒すことになった。

出井vs久夛良木戦争

久夛良木氏が本社の「介入」を嫌ったのには、それなりの理由があった。

ソニーがゲーム事業に参入することに対し、多くの本社役員は冷ややかで「なぜ、ソニーがゲームなんか」と不快感を露わにする者もいた。「ゲーム＝おもちゃ」というわけである。そんな最悪の雰囲気の中で、社長だった大賀氏の役員会での「やってみろ」のひと言でゲーム事業の取り組みが始まりSCE設立までこぎつけ、プレステとプレステ2を大ヒットさせるのである。SCEを優良企業にした久夛良木氏にすれば、本社に対し「ざまあ、みろ」の気分だったろう。

その本社がいまさらSCEに介入してくることに反発もあったろうし、久夛良木氏個人もSCE設立時に出資していたのでオーナー意識もあって出井氏（本社）からの一方的な人事を受け入れ難いものにしたのであろう。他方、出井氏にはソニーの稼ぎ頭となったSCEを放置できない事情があった。放置すればSCEの遠心力が強まり、ソニーグループは「双頭の鷲」になってしまうのではないかと恐れたのである。それは、本社の、つまり出井氏自身の権力の弱体化に他ならなかった。

いずれにしても、両者には大きな不満が残らざるを得なかった。これが、いわゆる「出井・久夛良木戦争」の始まりである。その後、久夛良木氏の批判の矛先は出井氏だけでなく、出井氏の改革を信じ行動を共にする幹部にも容赦なく向けられていった。

「社外取締役」からの責任追及

社内でもうひとつの出井批判の拠点は、取締役会の社外取締役たちである。とくにカルロス・ゴーン氏（日産自動車社長兼ＣＥＯ）と中谷巌氏（元一橋大学教授）の二人は、事実上の引責辞任を求めるほど出井氏の経営責任を追及したと言われる。

皮肉なものである。

ソニーは、早くから「経営」の「監督と執行」の分離を進めてきた企業である。一九九七年には日本企業でいち早く「執行役員制」を導入し、これまでの「業務を執行する者」が「自分を監督する」という歪なシステムの是正に乗り出していた。そして〇三年には、〇二年の商法改正にともない、従来の監査役制度に代わって社外取締役を中心とした「指名委員会」と「報酬委員会」、「監査委員会」の三委員会が株主の利益を擁護する立場で厳正な監督を行う「委員会等設置会社」へ移行する。ちなみに、各委員会は三名以上の取締役で構成され、社外取締役が過半を占めるため、外部からの厳しいチェック機能が期待された。また商法改正によって、業務の執行を担当する執行役を置くことが定められたため、執行役員制に法的根拠が与えられることとなった。

要するに、経営における社外取締役の権限が、極めて強くなったのである。経営の監督機能と執行機能の分離という大義名分の他にも、委員会等設置会社への移行には出井氏なりの思惑があったことも否定できない。

出井氏は、ソニー社長の椅子を権力闘争の結果、勝ち取ったのではない。末席の常務から先輩役員十四名をごぼう抜きにしての抜擢人事は、さまざまな要因が重なって大賀氏の決断から生まれたものだ。つまりそれは、当初から出井氏の権力基盤が弱いという意味である。ポスト大賀に名を連ねていたと自負する役員たちにとって、取るに足らないと思っていた出井氏の社長就任は、心穏やかなものではなかったろう。

男の嫉妬は、女性のそれが感情的なものなのに対し、出世が絡む分だけ始末が悪い。絶対権力者のCEOに面と向かって逆らうことはないものの、至る所で「不作為」という名のサボタージュが横行したのは事実である。その場に出くわしたことも、私にはある。

そうした権力基盤の弱さを補完し、自分の意思を貫徹させるために「株主の利益」という大義名分が立つ委員会等設置会社への移行によって、つまり新しい権力基盤を構築することで出井氏は旧勢力、守旧派の幹部たちに対抗しようとしたのではないだろうか。役員人事も指名委員会の同意が要るし、役員報酬の額を決めるのもそうである。それに、社外

取締役の選任はCEOの特権みたいなものだった。

ゴーン氏も中谷氏も、社外取締役に選任したのは出井氏である。当然、社外取締役は自分の味方だと思っていたであろう。しかしゴーン氏も中谷氏も、出井氏の経営手腕に疑問をいだき、次期社長には久夛良木氏を推していたという。

取締役会の内容が筒抜け

役員ではなかったものの、一度は出井氏を後継者に相応しいと判断し抜擢した名誉会長の大賀典雄氏は、ソニーに対して多大な影響力を保持していた。その大賀氏もまた、久夛良木氏をソニーの新社長に強く推していた。

社外では、大手新聞、雑誌などメディアの出井批判が続いた。ここでも、出井氏に代わる新しいソニーのスターは、久夛良木氏であった。〇四年の夏以降になると、ソニーの取締役会の討議内容が、その日のうちに大手新聞社に筒抜けになるようになった――そう私に打ち明けたのは、出井氏に近い幹部だった。

そのとき私は、松下電器(現・パナソニック)の山下俊彦氏から聞いた話を思い出していた。山下氏は、出井氏が社長に就任する約二十年前に同じように先輩役員をごぼう抜き

にして松下の社長に就任していた。それもヒラ取から一挙に、である。松下家以外から初めての社長ということもあって大きな話題となったが、サラリーマン社長の山下氏にとって「権力基盤」の有無など論外であった。その山下氏が後任に選んだのが、谷井昭雄氏であった。その谷井氏の社長時代の晩年だったと思う。山下氏はこう言った。

「夜になると、大阪の新聞社から電話がかかってくるんですわ。『山下さん、今日の松下の役員会で問題になった件ですが、どう思われていますか』と聞かれても、こっちは役員じゃないから情報なんてまったくないので、答えようがない。僕よりも向こうのほうが、はるかに松下の社内事情を知っている。役員会が終わると、すぐに新聞社に電話で知らせる役員がいるわけですから、詳しいはずです」

しばらくして谷井氏は辞任し、後任には森下洋一氏が選ばれた。

「過ちを私のせいにする」

私は、谷井氏同様、出井政権も末期を迎えようとしているのではないかと思った。

〇四年当時のことを、出井氏は私にこう語ったことがある。

「ソニーを変革しなければいけない、これは事実でした。けれども、変化しない原因がす

べて私にあると（役員が）みんな思い始めていたのです。もちろん、私はCEOですから、最終的には私の責任になります。しかし自分たちが改革を実行しない理由に『出井さんがいるから、できない』と私の存在を（不作為の）正当化の道具に公然と使い出していたんです。それは、メディアも同じでした。それから中堅以上の社員の人たちも、だんだんそう思うようになっていました。そうすると、OBの人たちも何が悪いと言いたい時には『出井が悪い』と言いやすいですよね。何から何まで私が悪いのかと言えば、そうじゃないと思いますが、自分の過ちを私のせいにする、責任転嫁がもう極致にきていたわけです。そのとき、なぜこんな苦労をしなければいけないんだと考え込んでしまいました。私が一生懸命前線で頑張れば頑張るほど、ソニーがダメなのは私がCEOを務めているからだと（原因を）すり替えられてしまう」

さらに出井氏は、こう言葉を継いだ。

「やはり『昔は良かった』という人たちがいて、その人たちは過去の悪かった時代のことをすべて忘れてしまっているわけです。例えば、（出井氏が社長に就任した）九五年が、いかにひどい状況だったかを忘れています。それでいて『昔は良かったが、いまは悪い』というわけです。メディアでも『ソニー創業以来のピンチを迎えている』とか書き立てられ

ました。でも考えて見れば、そんなことはないわけですよ、前にはもっとひどい時代がありましたから。もちろん、違う意味では（〇四年当時の）ソニーは非常に難しい状況にありましたが、ソニー自体がそれほど病んでいたわけではありません」

当然、出井氏の自己弁護が含まれているが、それを割り引いても半分以上は出井氏の主張は妥当だと私は思った。

九五年当時、DVD規格統一問題では東芝・松下連合のSD規格が優勢でソニーのMMCDは孤立しつつあったし、ハリウッドでは米国人経営者がソニー・ピクチャーズエンタテインメント（SPE）をまるで自分の会社のように扱い、乱脈の限りを尽くしていた。また過剰投資で売上高の半分に迫る約二兆円もの借金を抱え、財務状況は最悪であった。そのうえ稼ぎ頭だったビデオカメラは不振をきわめ、これといったヒット商品も出せずにいた。最初の「ソニー神話の崩壊」が、囁かれていた頃である。

久夛良木を指名せず

とは言っても、一度出来上がってしまった「出井批判の流れ」を覆すことは不可能だったろうし、誰も出井氏の反論に耳を貸そうともしなかったであろう。現実は、大賀時代の

ＯＢや大賀氏周辺に集まる幹部たちがあたかも後継指名の権限があるかのように振る舞っていたし、ポスト出井を話題にしていた。当然、出井氏の耳にもそうした動きは入ってきており、出井氏が「いったい、どういうつもりなのだ」と強い不快感を示しても止むことはなかった。つまり、出井氏はすでに権力闘争に敗れていたのである。

忌憚《きたん》なく言えば、出井氏に残されていた選択肢は余力を残して二〇〇五年に辞任するか、〇六年の創業六十周年を会長兼ＣＥＯとして迎えるため、その日までボロボロになるまで戦って辞任するかの二つであった。

出井氏は、前者を選択した。

〇五年三月七日、ソニーは会長兼ＣＥＯの出井氏と社長の安藤國威氏の二人同時辞任、ならびに社内取締役員全員の退任を発表した。まさに、ソニー経営陣の一新である。

それにともない、ソニー副社長だった久夛良木健氏もソニー本社を離れ、社長兼ＣＥＯを務めるＳＣＥの経営に専念することになった。ポスト出井の最有力候補、いや次期ＣＥＯは間違いないと社内外で信じられていた久夛良木氏に代わって、その椅子を引き寄せたのはソニー副会長でソニー米国会長兼ＣＥＯのハワード・ストリンガー氏だった。後継者の指名は、ＣＥＯの専権事項である。外野がどんなに久夛良木氏が後継者に相応しいと騒

いだところで、出井氏が拒否したら、それを実現するだけの力はない。なお安藤氏の後任には、副社長の中鉢良治氏が選ばれている。

「CEOが務まるのか」

出井氏はストリンガー氏との堅い信頼関係を強調したが、それはストリンガー氏を九七年にソニー米国社長として迎えた時から続いていたものだ。中鉢氏はテープなど記憶メディア畑を主に歩いてきており、ソニーの最終製品を手がけることはなかったが、出井氏は記者会見の席上、中鉢氏を「グッド・リスナー（聞き上手）」と評価した。

ストリンガー氏と中鉢氏に加えて、副社長の井原勝美氏がCFO（最高財務責任者）に就任し、新しい経営チームが誕生した。偶然か示し合わせてか定かではないが、三人とも赤色のネクタイを締めていた。三人の結束力を表したかったのか、ストリンガー氏は自分たち三人を「三銃士」と呼んだ。

他方、記者会見では異例な事態も明らかになった。

ストリンガー氏が日本に居住せず、自宅のある米国のニューヨークから日本へ定期的に通う（一カ月のうち一週間から十日）ことになったことである。経営トップが本社の所在

地に住まずに遠方から通ってきたケースを、私は知らない。そのような姿勢で日本を中心とするエレクトロニクス事業の再建は、はたして可能なのか——誰でも抱く疑問である。

記者会見には私も出席していたが、ちょうど私の席の前の女性外国人記者が誰もが危惧する疑問をストリンガー氏にぶつけた。

「日本語が話せない、エレクトロニクス・ビジネスの経験もない、日本にも住んでいない、ソニーの企業風土の中で育ったこともないあなたに、ソニーのCEOが務まるのか」

それに対し、ストリンガー氏は「航空会社のトップは、飛行機のことは知らないけど、経営をしている」などと言って質問をかわした。ではロッキード社のような航空機製造メーカーの場合も、同じように言えるだろうか。航空会社は運営会社（オペレーター）であって、メーカーではない。ソニーは、エレクトロニクス・メーカーである。

このような質問趣旨に正面から答えず、似て非なるものをサンプルに答える手法は、ストリンガー氏の常套手段である。しかし問題点のそらし方が巧妙なため、すぐには気づきにくいものだ。

ストリンガー氏が東京に住居を構えないことに対する出井氏の「サポート」も、不思議なものだった。

「ハリウッド（SPE）も初期にはいろいろトラブルがあったのですが、二〇〇〇年頃には私がハリウッドに足を運ばなくてもマネジメントが出来るようになりました。私はニューヨークにもオフィスを持っているのですが、いまは一カ月に一回行くか行かないかくらいです。東京（ソニー本社）と信頼関係を持つ優秀な現地のマネジメント・チームを、ストリンガーさんに作っていただいたからです。私がハリウッドへ行かないように、東京にいいマネジメント体制さえあれば、東京に彼が常時居なくても、ハワードさんのマネジメントは大丈夫だと思っています」

エレクトロニクス事業の不振の責任を問われての会長、社長の同時辞任というソニー史上初めての経営責任の取り方を考慮するなら、エレクトロニクス事業再建はソニー全体の問題であり、ひとつのグループ企業と同じ問題のレベルで捉えていいものなのか、はなはだ疑問に思ったものだった。

初めからバラバラだった「三銃士」

さらに「東京にいいマネジメント体制」を担保するためであろうか、新社長の中鉢氏には「エレクトロニクスCEO」という肩書きが与えられた。タイトル通り理解すれば、エ

レクトロニクス事業の最高経営責任者ということになる。

エレクトロニクス事業再建のために新しい経営チームが編成されたのなら、そのトップはＣＥＯのストリンガー氏である。しかし「現地のマネジメント・チーム」のトップとして中鉢氏にエレクトロニクスＣＥＯが任されたのなら、当然、エレクトロニクス事業における両者の「権限の範囲」をめぐって問題が生じざるを得ない。
○五年六月の株主総会を経て正式にソニー社長に就任する前の四月上旬、中鉢氏は私の疑問にこう答えた。
「先日も米国へ行って、ハワードと通訳を介して（ソニーの経営について）八時間話し合ったけど、充実したものだった。残っているのは、エレキの（権限）範囲の最後の詰め。どこまでが私で、どこからがハワードなのか。そのための話し合いを、もう一度、ハワードとしなければいけないと思っている」

私は、中鉢氏の真意を測りかねていた。

権限を分割するなど、ストリンガー氏が認めるはずがなかったからだ。米国でＣＥＯと言えば、その企業のすべての責任を負う代わり、すべてに対し最大限の権力を振るう存在である。その権限を他者と分け持つことなど考えるＣＥＯがいるはずがなかった。当然、

ストリンガー氏はソニーグループ全体の最高経営責任者・CEOである以上、すべてが自分の権限の範囲内にあると考えていた。

他方、「現地のマネジメント・チーム」のトップである中鉢氏や井原氏は、当然、そうとは考えなかった。ストリンガー氏は製品に関心が薄く、エレクトロニクス・ビジネスに疎いうえ、日本には住まずに月に一回程度通ってくるだけである。そんなストリンガー氏が日本を中心としたエレクトロニクス事業全般を統括できるとは、誰が考えても信じられるものではなかった。それゆえ、中鉢氏は、エレクトロニクス事業は、自分たちの自由裁量に任されていると判断していたフシがあった。

これでは、「三銃士」としての結束どころの話ではない。

それゆえ、ストリンガー氏にとって「三銃士」時代のソニーは、自分の考えや意思が経営に十分に反映されていたとは言い難かった。しかも中鉢氏の「エレキの復活なくしてソニーの復活はない」という宣言に反して、その後もエレクトロニクス事業の不振は改善された兆候が見えず、テレビ事業も営業赤字から脱せないままだった。

「余分なコブが二つ付いてきた」

その間、ストリンガー氏はストレスが溜まる一方であった。中鉢氏や井原氏ら「現地のマネジメント・チーム」の経営者に回復の兆しを見せないエレクトロニクス事業の現状を問い質しても、そのつど「来期は大丈夫です」の漠然とした返事の繰り返しで、実情がさっぱり摑めなかったからである。ストリンガー氏には、どうしてCEOの自分に必要かつ詳細な情報が上げられてこないのか、理解できなかった。

当時の事情を知るソニーOBは、両者の関係をこう解説する。

「ハワードがCEOに就任したとき、中鉢と井原にはエレキ（本社）は自分たちが見て、ハワードは米国とエンタ（テインメント）だけを見ると思っていたフシがあった。だから、エレキのことはハワードにはだいたいでいい、詳しいことはなにも伝えなくていい。どうせ日本に居るのは月に一週間くらいだから、適当に返事をしておけばいいと考えていたようだった。ところが、のちに中鉢と井原がハワードに『エレキのどの部分までレポートすればいいのか』と聞いたところ、ハワードから『エブリシング（全部）』と言われて、仰天したという話がある。つまり、エレキ側（現地のマネジメント・チーム）が、ハワードを甘く見ていたんだ」

さらに、こうも言う。

「CEOになった当初、ハワードがついポロッと漏らしたことがあった。『CEOになったのはいいけど、余分なコブが二つ付いてきた。私の最初の仕事は、この二つを速やかに取り除くことだ』と。二つのコブとは、中鉢と井原のことです」

メディアに見せた結束の姿とは裏腹に、「三銃士」はスタート当初から波乱含みだったというわけである。

なぜストリンガーを選んだのか

しかしこうした事態が生じることは、米国式経営やソニー社内の事情に通じた出井氏にとって、ある程度は予想されたことだったと思われる。なのに、どうしてこのようなトップ人事を出井氏は断行したのであろうか。

ここからは、あくまでも私の推測である。しかしこのように考えないと、外国人CEOとソニーの最終商品を知らない技術畑出身の社長を選ぶ理由が私には見当たらない。

ひとつは、出井氏は辞任という形式を踏んでいるものの、実質的には「解任」に近かったのではないか、ということである。辞めたくないのに辞めざるを得なかったという強い思いが、ソニーに対する極度の執着に繋がった。具体的にいえば、ソニーの「創立六十周

年」をCEOとして何としてでも迎えたかったのである。

それが叶わないのなら、ソニーに対する影響力を可能な限り保持する、出来れば新任のCEOに対し強い影響力を持ちたいと考えた。穿った見方をするなら、出井氏にとって「院政」を敷くことが出来たら、それがベストであったろう。

後継者には、出井氏が目指した改革や経営観を共有する人物、いわば「同志」と呼べると同時に出井氏をリスペクトしている幹部でなければならない。そうなると、エレクトロニクス事業からコンテンツとネットワーク事業へソニーのコアビジネスを切り替えようとしていた出井氏にとって、最善の後継候補にはハワード・ストリンガー氏しか思い浮かばなかったであろう。もっとも強力なコンテンツは、映像コンテンツ、つまりハリウッドである。SPEを始めエンタテインメント事業全般をマネージできる役員は、ソニーではストリンガー氏しか見当たらない。

しかもストリンガー氏によれば、ソニー米国入りに際して出井氏が提示した報酬額は、「ここ十年見たこともないほど低いもの」だったという。

それでもソニー入りを決断した理由を彼は、私にこう語った。

「出井さんから（米国市場全体を視野にいれた）戦略の話を聞いて、これはやりがいがあ

ると思いました。私がソニーに入った理由は、他でもありません、出井さんを信じ、信頼したからです」（傍線、筆者）

日本と違い米国の企業社会では、会社に対する忠誠心よりも自分を引き立ててくれる上司に対する忠誠心のほうが強い。例えば、その上司が別の会社に移れば、一緒に転職することは珍しいことではない。その意味でも、ストリンガー氏の出井氏に対する忠誠心は、私たち日本人が考える以上に確かなものと言えるかも知れない。

数年で辞めるひと

二つ目は、出井氏が「創立六十周年」以降のソニーの経営について深く考えていなかったのではないか、ということである。もっというなら、ストリンガー氏を除く出井氏を始めソニーの幹部のほぼ全員が、ストリンガー氏のCEO任期を二年ないし三年、長くても数年と見なしていたことである。

ソニー会長兼CEOに就任した二〇〇五年時点で、ストリンガー氏は六十三歳である。もともと腰痛などの持病があり、これまで以上に日米を往復することは、長時間のフライトに耐えなければならず体力的な問題が指摘されていた。しかも医師でもある夫人が家族

とともに英国に帰国して仕事を続けているため、ソニーのCEOを引き受けるとストリンガー氏は別居生活を余儀なくされる。しかも仕事と家庭の両方を大切にしようとすれば、米国（ニューヨーク）と英国（ロンドン）、日本（東京）の三カ所を一カ月の間に順番に訪れなければならない。それ以外にもソニーCEOとして米国を離れることも増えるだろうから、長時間のフライトの数はもっと増えることになる。誰が考えても、このような三重生活をいつまでも続けられるわけがなかった。

それに当初は、ストリンガー氏は夫人と家族の英国帰国を機に、ソニーを辞めて家族と過ごす時間を増やすつもりだったと言われる。つまり、英国出身のストリンガー氏は長らく仕事の中心であったニューヨークを去って、故郷で家族と一緒に暮らす予定だったというのである。

そうしたプライベートな事情を考慮するなら、ストリンガー氏があえて出井氏からの打診に応じたのは、出井氏が言うように「自分が苦心惨憺している姿を見かねて、ひと肌脱ぐ気になってくれたのだろう」ということなのかもしれない。

中鉢氏を社長に選んだのは、会長時代の後半、アンチ出井派の役員・幹部との軋轢に悩まされた出井氏にとって、何よりもこの「色」が付いていなかったからだと思われる。仙

台工場長を務めるなど記録メディア畑が長い中鉢氏にとって、本社の「出来事」は遠い存在であった。その中鉢氏をサポートする形で、最高顧問に退いた出井氏は影響力を保持するつもりだったのだろう。

誰も全体を見ていない「権力の空白」

しかし現実は、いろんな思惑が交錯するなかで進む。

それを最初に感じたのは、中鉢氏だった。社長就任からしばらくして、中鉢氏は周辺にこうこぼすようになった。

「どうせ、オレはワンポイントなんだろう。次期社長は、井原に決まっている。それまでのつなぎか」

井原氏は中鉢氏よりも三歳若く、入社年度では四年遅い。しかし入社後のキャリアで言えば、ビデオや携帯電話などコンシューマ商品を担当する事業の幹部、役員を歴任しており、いわば陽の当たる部署を歩いてきている。

しかも新しい経営チームには、CFOとして加わることになっていたものの、記者発表から一カ月後の四月にはテレビを含むAV（音響・映像機器）事業の責任者に着任し、出

遅れていた薄型テレビ市場攻略の先頭に立っている。大ヒットしたブラウン管式平面テレビ「ＷＥＧＡ（ベガ）」ブランドを捨てて、新しいブランド「ＢＲＡＶＩＡ（ブラビア）」を立ち上げての新型液晶テレビの投入であった。

社外から見れば、「テレビの復活なくしてエレキの復活なし」と宣言したソニーの再建の先頭に立っているのは社長の中鉢氏ではなく、明らかに井原氏である。つまり、ソニーの社内外において、井原氏のほうが中鉢氏よりもはるかに存在感があった。

そういう意味では、中鉢氏が当初、弱気になったのも無理はない。

ここまで三銃士誕生の経緯やその思惑の違いなどを書いてきたが、それらは小さな問題である。最大の問題は、その結果、ソニー及びソニーグループ全体を見ている経営首脳がひとりもいなくなったことである。ストリンガー氏はエレクトロニクス事業部門を自分の傘下に実質的に置くことに腐心していたし、井原氏は次の政権交代に向けて受け入れ体制づくりに余念がなかった。中鉢氏は社長としての存在感を示すため、井原氏の担当以外の事業での実績づくりに取り組み始めたからだ。

そのような状況を、私は「権力の空白」と呼んでいる。長らくソニーを取材してきて不思議に思うのは、ソニーでは「権力の空白」が突如として起こることがあることだ。三銃

士の時代とは、ある意味、権力の空白期間でもあった。

周囲をリラックスさせる心配り

私がハワード・ストリンガー氏に初めてインタビューしたのは、彼がソニー米国入りした翌年、一九九八年十一月である。ニューヨークのソニー米国本社ビルの会議室に現れたストリンガー氏は、ノーネクタイというラフな格好をしていた。腰を痛めているとかで肘掛けに足を置いて話し出した時は、正直なところ、少々驚いた。しかしそれが、横柄だとか横着な態度に見えないのは、何よりも彼の人当たりの良い性格によるものであろう。終始笑顔を絶やさず、ジョークを欠かさない彼の態度には、感心させられたものだ。周囲をリラックスさせる心配りは、そう簡単にできるものではない。いつも周囲の人間を緊張させていた出井氏とは、本当に対照的であった。

インタビューは和やかなうちに終わったが、何事も率直に語るストリンガー氏の姿勢に私は改めて好感を抱いた。その後、機会を見つけてはインタビューを続けた。そうした取材の中で、私はストリンガー氏を信頼したいと思うようになった。それは、彼がソニー入社の理由のひとつを私にこう明かしたからだ。

「米国人のせいで、ソニーがダメになったことも知っていました。（SPE問題で）ソニー全体が『米国人は、ただただ欲深いだけだ』と思ってしまったことは分かっていましたから、その米国人観を変えることも私の仕事だと思ったのです」

私のソニー取材は一九九四年から始まっているが、ソニーの海外取材を含め外国人幹部でストリンガー氏のような発言をした人は誰もいない。私は初めて、彼を心から信用したいと思った。だから、ストリンガー氏のCEO就任が決まったとき、ソニーの判断を歓迎するとともに、私は彼に期待したのである。

底辺からのスタート

ストリンガー氏は、一九四二年二月、英国のウェールズで生まれた。オックスフォード大学（現代史専攻）を卒業すると、八カ月間、トラックの運転手をした。その間に貯めたお金で、彼は米国行きのチケットを買った。誰の援助も受けずに、自分の稼いだ金だけで米国へ向かったのだ。

六五年、ストリンガー氏は米三大ネットワークのひとつ、CBSに入社した。彼自らが「私は底辺からスタートしました」と言うように、最初は花形の報道部門ではなく、事務

員として働いた。しかし間もなく、米国政府から徴兵される。英国籍の彼は、徴兵を拒否することも出来たが、その場合、引き続き米国で働くことは許されなかった。

ストリンガー氏は米国でスタートしたばかりの自分のキャリアを守るため、徴兵に応じてベトナムへ行った。ドロ沼化しつつあったベトナム戦争から生きて帰れる保証は何もなかったが、どうしても米国で働くと決めた自分のチャレンジを終わらせたくなかったからだ。ベトナム戦争を「苦しい体験でした」としか、彼は語らない。ベトナムから戻ると、CBSに復帰した。

CBSでは、七六年に報道番組「CBSレポート」のエグゼクティブ・プロデューサーに就任して以降、順調に昇進を続け、八八年には放送グループのプレジデントに就任。そして九五年にケーブルテレビの「テレTV」の会長兼CEOに転じている。ストリンガー氏が出井氏と初めて会ったのは、翌九六年の夏である。そして九七年のソニー入社と続くのだが、日本的な言い方をするなら、ストリンガー氏は「CBSの叩き上げ」であり、番組制作の経験もあるコンテンツが分かるジャーナリストでもあった。

「日本人経営者が無能だから」

三銃士時代、ストリンガー氏は自分の描いたように改革が進まない理由のひとつに、CEOになった時に役員人事がすべて決まっていたことを挙げた。つまり、自分と志を同じくする役員、幹部を自分の考える部署に配置できなかったため、自分の意思や意図が十分に伝わらないし、かりに伝わっても自分の考え通りに動いてくれないというのだ。

私に言わせれば、そんな事は彼がCEOの就任要請に応じた時から分かっていたことである。自分の思い通りの「内閣」が出来ないのなら、CEOは引き受けないと出井氏に言えばいいだけの話である。どうして、こんな理由にもならない理由をストリンガー氏が言うのか、私は不思議でならなかった。

海外のメディアに対しては、もっと饒舌だった。CEOになっても自分の内閣ではないことはもちろん、エレクトロニクス事業のリストラが進まないのは、古いソニーの時代の幹部が抵抗するためだと踏み込んだ発言をしている。その結果、海外のメディアは「ハワードは経営者として優秀だが、ソニージャパン（東京本社）の日本人経営者が無能だから改革が進まないのだ」という理解に陥っていた。

なぜストリンガー氏は、こんな言い訳ばかりするのか。彼に対する印象は、当初の期待に反して次第に悪くなっていった。海外での発言とはいえ、それが回り回って日本に伝わ

り、メディアを通して知った社員のモチベーションを下げるだけではないかと思ったものだった。しかし頭のいいストリンガー氏が、そんなことを知らないはずがない。

四人の腹心

そこで私は、ストリンガー氏の発言の真意を吟味するため、本当に役員人事に全く関与していないかを調べることにした。

まず分かったのは、ストリンガー氏が正式にソニー会長兼CEOに就任した二〇〇五年六月——同時期の役員人事で、ソニー米国で彼を支えてきた腹心の二人の役員もソニー本社で重要なポストに付いていたことだ。

ひとりは、いわゆるウォール街出身のロバート・ウィーゼンソール氏（ソニー米国EVP兼CFO）である。ソニー本社の役員に就任しなかったものの、本社で「コーポレートディベロップメント、M&A担当」というポストをもらい、同時にグループ役員に迎えられている。

グループ役員とは、SCE（ゲーム事業）やSPE（映画）、SME（音楽）など中心的な事業を担う子会社やソニーチャイナやソニーヨーロッパといった地域統括会社的な役割

を持つ子会社のトップが就任し、ソニーグループ全体の経営に関与する重要なメンバーである。本来の趣旨から言えば、ウィーゼンソール氏のグループ役員就任は異例と言わざるを得ない。それゆえ、ストリンガー氏の信任がそれほど厚いと言える。

ただし、ウィーゼンソール氏には「お行儀の悪さ」があり、それが本社の一部役員から不評を買っていたことは指摘しておきたい。たとえば、ソニー米国が所有する資産を売却するさい、売却額が本社の指定する一定額を超える場合、事前に本社の許可を得なければならない。ところが、ウィーゼンソール氏は本社の「介入」を嫌い、対象物件を分割して売却することで「一定額」に抵触しないようにしたのだ。しかしそうした小細工は、いずれ本社に分かるものである。

「ロブには、困ったものだった。自分の報酬を増やすためには何でもする。油断も隙もあったものじゃない。だから、ロブが売却の必要のないものまで売ってしまわないように目を光らせておく必要があった。そうしないと、なんでもかんでも売ろうとするからね」

ソニー米国時代の「悪さ」を知るソニーの幹部は、半ば呆れ顔で私に対し、こう話したものである。

役員の報酬に関して、少し説明が必要であろう。

日本の役員は年俸が決まっているし、役員定年はあってもよほどのことがない限り、任期途中で辞めることはない。しかし米国では、役員といえども「契約」によって勤務年数と報酬が事前に決められる。たとえば、副社長として三年契約をすれば、その間の役員報酬はいくら、業績が上がればそれに対し何パーセントのリターン、あるいはストックオプションを保証するといった具合にさまざまなオプションが用意されている。つまり、契約期間にいかに自分を高く売る（評価させる）かが重要になる。悪く言えば、三年後のことなど考えていない。だから、ウィーゼンソール氏のような「独自」行動が生まれやすい土壌があると言える。

「防御」に有能な弁護士

もうひとりは、ニコール・セリグマン氏（ソニー米国EVP兼ジェネラル・カウンセル）である。彼女は、ソニー本社のEVP（専務に相当）兼ジェネラル・カウンセル（法務担当の最高責任者）に就任している。ただしソニー本社には、〇三年の委員会等設置会社へ移行した時に「執行役　グループ・デピュティ・ジェネラル・カウンセル」として役員入りを果たしている。

セリグマン氏はワシントンDCの大手有力法律事務所時代、クリントン大統領がホワイトハウスの研修生だったモニカ・ルインスキーさんとのスキャンダルで上院の弾劾裁判をうけたとき、クリントン家の顧問弁護士として大統領の窮地を救ったことで有名である。とくに、流行語にもなった「不適切な関係」という言葉は彼女が考えたと言われている。その他にも、イラン・コントラ事件のノース中佐の弁護なども担当している。

法律事務所時代のキャリアを考えるなら、刑事事件の要素が強い案件に対する「防御」の弁護が、セリグマン氏の強みだと言える。そのセリグマン氏が民間企業のソニー米国のジェネラル・カウンセルに迎え入れられたのは、ひとえにストリンガー氏の強い意向からだったと言われる。世界中のメディアが注目した案件で披瀝した「防御」の有能さ——それは、ストリンガー氏にとってCEOの自分を守る、つまりコンプライアンス（法令遵守）対策上の必須条件であったろう。

社外役員をいかに味方にするか

セリグマン氏のソニー本社のジェネラル・カウンセル就任には、ちょっとした経緯があった。当時、本社のジェネラル・カウンセルは副社長の真崎晃郎《てるお》氏だった。真崎氏は初期

のソニーの現地法人「ソニーアメリカ」で、のちのソニーを支える幹部、例えば社長になる安藤國威氏や青木昭明氏（元専務、ソニー・エレクトロニクス社長など歴任）、大木充氏（元EVP）などと仕事をした人材である。いずれも外国人相手でも怯むことのない、熱血漢で、相手が創業者の盛田氏であっても言いたいことはずばりと言う強者であった。

そのため、ソニー社内では彼らは「ソニーのニューヨーク・マフィア」と呼ばれたものである。その一員である真﨑氏も当然、言いたいことはズバズバ言うタイプである。そんな真﨑氏を、新しくCEOになったストリンガー氏が煙たく思ったとしても無理はない。なにしろ、ストリンガー氏はたとえ正当な理由があったとしても、とにかく他人から批判されるのが嫌なタイプだからだ。

前出のソニーOBは、当時をこう振り返る。

「中鉢と井原の二人をすぐにクビにするわけにはいかなかったから、次のターゲットにしたのが、真﨑さんでした。ハワードが真﨑さんに『辞めて欲しい』と告げると、真﨑さんはああいう性格ですから、ハワードの魂胆も分かっていたので嫌気がさして『それなら』とさっさと辞めてしまいました。そこで、お気に入りのニコールをジェネラル・カウンセルにしたわけです。自分の言いなりになる人物を真﨑さんの後釜に据えたんです。日本で

は考えにくいでしょうが、米国では忠誠心は自分を引き立ててくれる人に対してであって、会社に対してではない。だから、自分を引き立ててくれた上司が他社へ移れば、その人も移る。ニコールも同じで、彼女が守るのはハワードであって、ソニーではないんです」

それ以上に私が注目したのは、セリグマン氏が同時に「取締役会事務局長」に就任していることである。じつは、ここにこそストリンガー氏の本当の狙いがあったのではないかと思っている。

執行役員制が根付いているにもかかわらず、改めてソニーを委員会等設置会社へ移行させたのは、軋轢が激化していた社内の反出井派に対して新たな経営体制を構築することで対抗しようとしたためだと私は考えている。社外取締役の数を取締役会で過半数にして社外取締役からの支持を固めれば、出井氏の会長兼CEOの地位は安泰である。ところが、肝心の社外取締役の中から出井氏の経営責任を強く問う声が出てしまう。目論見は、もろくも崩れたのである。

そこでストリンガー氏は、その教訓から社外取締役をいかに味方にするか、有り体に言えば、自分の支持者にすることが政権維持の第一歩であることを学んだのだと思う。腹心のセリグマン氏を取締役会の事務局の責任者にすることで、経営の監督側と執行側の「良

好な関係」を作り上げることを期待したのである。

米国本社出身と大学の後輩

さらに同時期の役員人事で、注目すべき幹部がもうひとりいる。新しくSVP（常務に相当）に就任した藤田州孝《くにたか》氏である。ソニー米国や現地法人で二十年近く人事を担当し、ストリンガー氏のもとで人事担当役員を務めていた。本社入りした際、「グループ人事担当」に就任したのは、すでに本社の人事担当役員は別人が務めていたからだ。しかし一年後、藤田氏は本社の人事担当役員になる。

株主総会後の役員人事から三カ月後、ひとりの外国人幹部がソニー本社に迎えられた。SCEアメリカ（米国現地法人）EVPのアンドリュー・ハウス氏が、CMO（最高マーケティング責任者）ならびにグループ役員に就任したのだ。彼もまた、ウィーゼンソール氏同様、主要子会社のトップでも本社の役員でもないにもかかわらず、グループ役員にも就任している。

ハウス氏は初来日した当初、仙台で英語の教師をしていた。その後、縁あってソニーに入社し、配属先のコーポレート広報部では、Eメールもない時代とあって、欧米とのFA

Xによる英語のやりとりを任され、翻訳業務が主要な仕事であった。まもなくSCEに移って、広報宣伝を担当する。同僚と一緒にゲーム雑誌を回ってはプレステやプレステ2の売り込みなどに励んだ。

日本に満足できなかったのか、ハウス氏は米国に渡る。SCEアメリカに移った彼は、マーケティング部門のバイス・プレジデント（部長クラス）に就任し、ゲーム製品を映画で紹介する試みに取り組むが、この過程でストリンガー氏の知己を得たと言われる。同じ英国出身で、同じオックスフォード大学卒業ということもあって、ハウス氏はストリンガー氏からの信頼を勝ち得ていく。その結果が、CMOとしての本社復帰である。

CMOとは、ソニーグループ全体のマーケティングを担当する最高責任者のことだが、本社には従来マーケティング担当の役員（EVP）が存在しており、仕事の内容や担当領域が両者の間でどのように区分けされているのか、実際の業務を見る限り、外部からは分からなかった。ソニー本社の役員でもないハウス氏だったが、個室が与えられ、秘書と数名の部下を持つ「ハウスCMO室」が組織上も存在した。

本社の役員でもない二人がグループ役員を務めるという異例の人事を初めてメディアで取り上げたのは、「週刊文春」（二〇〇九年二月五日号）である。「週刊文春」編集部の疑問

に対し、ソニー広報センターのコーポレート広報部は「職位の付与は、総合的な人事判断に基づき、決定している」と答えている。疑問に正面から答えようとしない姿勢が、すべてを物語っていると思った。要するに、ストリンガー氏の希望だから、合理的な説明が出来ないのである。ちなみに、「週刊文春」の記事から三カ月後、ハウス氏はSCEヨーロッパの社長兼CEOに就任し、ソニー本社を去っている。それにともない、CMO室も役職も廃止されたようである。それから二年半後の二〇一一年九月一日付けで、ハウス氏はSCEの社長兼CEOに就任することになる。まさに、スピード出世である。

ここまでが、ストリンガー氏が率いる「ソニー米国・外国人部隊」である。

藤田氏とハウス氏以外、全員が日本に自宅を構えず、一カ月に一度程度ないし必要な時だけ米国から来日する。ストリンガー氏はソニーが年間契約した最高級ホテルのスィートルームに宿泊し、品川の本社に通う。彼が二十階の自分のオフィスから出てくることは珍しいという。窓の外の風景が違うだけで、ニューヨークのソニー米国本社で仕事をしているのと何ら変わらない。そして彼らこそが、世界的な一大企業グループ「ソニー」を率いる中枢中の中枢なのである。

第七章　ストリンガー独裁

「顧問制」の廃止

ここからは「ストリンガー・中鉢体制」の誕生直後から展開されてきたいくつかの事例を挙げて、その当時、経営首脳がいったい何を目論んでいたかを考えてみたい。

ひとつは、創業者の盛田昭夫氏が中心になって七〇年代までに立ち上げた多角化事業（小売り関連事業）並びに、その流れを汲む事業のソニーグループからの切り離し、要は売却である。例えば、日本で最初の輸入雑貨専門店としてスタートした「ソニープラザ」（輸入生活雑貨小売業、六十四店舗）、通信販売の「ソニー・ファミリークラブ」、化粧品や医薬部外品のメーカーである「B&Cラボラトリーズ」、フランス料理の店「マキシム・ド・パリ」（レストラン経営）など五社である。いずれも、盛田氏の思いが込められた会社で、ソニーグループが一〇〇パーセント出資していた。

次が、「顧問制」の廃止である。

顧問制は、もともと井深氏と盛田氏二人の創業者が「創業のメンバーは後々まで、ちゃんと面倒をみたい」という思いから、新たに「顧問」という肩書きを作ってリタイア後も会社が生活面をサポートする制度として作られたものだった。しかしソニーの成長とともに、役員定年後は自動的に全員が顧問（二年間）に就任するようになっていた。いわば、

顧問の間に次の人生のスタートを準備して欲しいというものである。

そのため、顧問が数十名という大所帯になり、顧問室や秘書などのコストが嵩む一方の実情もあった。しかし顧問制廃止の狙いは、コスト削減よりも口うるさい実力OBをソニーの経営から遠ざけることにあったと思う。〇六年三月末で、創業者一族の盛田正明氏（盛田氏の実弟）や伊庭保氏、森尾稔氏らかつての実力者たちは、完全にソニーを去った。ただし最高顧問の出井氏だけは、経団連副会長の任期が終わるのを待って翌〇七年六月での退任となった。

この二つの措置は、創業者の時代を感じさせるものの整理・清算とも言える。つまり、井深・盛田時代のカルチャーとの決別の意思を示したのである。

三番目の措置は、二つのエンタテインメント・ロボットからの撤退である。

犬型の「ＡＩＢＯ（アイボ）」と二足歩行のヒト型「ＱＲＩＯ（キュリオ）」は、ソニーのＡＩ（人工知能）の研究成果を代表するものである。ロボットの研究は、家電製品に必ず必要になってくるＡＩ技術の塊なのである。それゆえ、ＡＩ投資と考えれば、二つのロボット研究は継続すべきプロジェクトだったと思われる。たしかにアイボはロボット犬のブームを作ったヒット商品だったが、それまでの研究開発費を考えるならビジネスとして

成功したとは言えない。

この二つのロボット・プロジェクトは、ビジネスかＡＩ投資か、つまり「技術」をどう考えるかで判断すべきものだった。それを中止したのは、ストリンガー氏と中鉢氏が「技術」に関心がない、将来の家電製品のあるべき姿をイメージできない、見通しを持っていないからである。

ソニーはＡＩの研究開発は続行すると発表したが、それが建前に過ぎないことはＡＩの研究開発の中心となったエンジニアが大学へ戻ったり、トヨタ自動車などロボットの研究開発を続ける会社へと移っていったことからも明らかである。

「キャリア開発室」がリストラ部屋に

コストカットの中でもっとも効果的なのは、いわゆるリストラ（人員削減）である。人員削減でストリンガー氏の期待に応えたのが、人事担当役員の藤田州孝《くにたか》氏である。ただし藤田氏は二十年近くも日本を離れていたため、エレクトロニクス事業の現状把握や人材についての知識は十分とは言えなかった。そのため、ソニー社内だけでなくＯＢからも「日本のこともエレキのことも何もしらない藤田が、どうして人事担当役員になるんだ」とい

ったストリンガー人事を疑問視する声が絶えなかった。

そんな藤田氏が取ったリストラの手法は、きわめて巧妙だった。

ソニーには「キャリア開発室」という人事部直属の組織がある。事業部によっては、多少の名称の違いがあるが、実態は同じである。もともとは、キャリアアップのための職場として作られたものであった。職場で上司や同僚とうまく人間関係を作れずに仕事に支障をきたしている社員や、スキルが足らず戦力になり得ていない社員などを対象に「一時的に」引き取り、不足したスキルを補ったり、あるいは人事部が社員の希望を取り入れながら新しい職場を探すなど「社員再生」の前向きな活動を担保するものだった。

そのキャリア開発室を、藤田氏はいわゆるリストラ部屋に変えてしまったのである。その際の最大の特徴は、人事部の「独自行動」が強行されたことである。多くは、各職場からリストラ要員を挙げてもらい、それに従って「キャリア開発室」行きを人事部が発令するのだが、「ピンポイント」で人事部から指名されることも少なくない。いずれにしても職場では、部長クラスが部下に人事部からの辞令を伝える。

しかし時には、ピンポイントの指名に肝心の部長クラスからの反発がある。

「なぜ、彼がキャリア開発室に行かなければならないか、理解できない。部下には異動の

理由を告げる必要がありますから、どういう理由からキャリア開発室行きになったか、その理由を教えて下さい」

と食い下がると、人事部からは「理由なんか言わなくてもいい。君の仕事は異動を告げることだけだ」と冷たく突き放されるのがオチだった。

上司も部下がどのような基準でキャリア開発室の対象になったのか、分からないのである。優秀な人材と思われていた社員が突如、人事部から指名されることも珍しくないというから「人事部が不要と判断すれば、それが基準」ということなのであろう。

中には「なぜ、自分がキャリア開発室に行かなければならないのか」とピンポイントの指名を人事部に直談判する猛者もいるようだが、逆に「法務とも相談しながら行っているので、違法性はない」と法務の名前をちらつかされることもあったという。つまり、抗議や抵抗にあうと、ジェネラル・カウンセルのセリグマン氏の了解のうえで行っていると「合法性」を主張するのである。

本来、黒子である人事部と法務部が日常業務で「前面に」出てくることは、決して好ましいことではない。不満があっても何も言えない状況を作り出すことは、社内の活気を奪うことに繋がり、結果、企業の利益に反することになるからである。

キャリア開発室では、仕事らしい仕事はほとんどなく「コピーとりの仕事を奪い合うぐらい」だという。ただし、仕事をしなくてもそれまで通りの給料がもらえると思ったら大間違い。キャリア開発室が長くなればなるほど、それにともない給料も下がる仕組みのため、どこかで見切りを付ける必要があった。それに、キャリア開発室から新しい職場に移れるのは、多くても数パーセント程度だったからだ。

なんのためのリストラか

しかしキャリア開発室がもっとも効果を発揮するのは、構造改革に基づいて毎年のように繰り返された人員削減で早期退職希望者が募られた時である。退職金が割り増し（数年間分の年収と言われる）されることもあって、背中を押される形で将来性のないキャリア開発室に見切りを付けて退職に応じるからである。

たとえば、二〇〇八年九月のリーマン・ショックで業績に大打撃を受けたソニーは、十二月九日に世界のエレクトロニクス事業関連部門を対象に一万六千人（非正規雇用八千人を含む）の人員削減を〇九年度中（二〇一〇年三月末まで）に行うと発表した。つまり、正社員八千人を一年半かけてリストラするというものである。しかし実際には、発表から

半年もかからず目標の八千人を軽く突破し、九千人に達したと言われる。〇九年五月末付け一カ月で、ソニー本社だけで七百四十人の退職者を出しているが、そのうち百人がキャリア開発室からの退職者である。

従来のキャリア開発室では、平均して数名の社員しか所属していなかったことと比べると、いかに多くの社員がリストラ要員としてキャリア開発室に送られるようになったかが分かる。このように、キャリア開発室を日常的にリストラ要員を確保する組織に変質させ、早期退職者を募るという形で人員削減を確実に実行していく藤田氏の「業績」に対し、コスト・カッターのストリンガー氏が高い評価を与えるのは当然であった。

しかし問題は、贅肉（不必要な人員）を削いで筋肉質（将来性のある事業への必要かつ優秀な人員の集中的な配置）に変えるべきはずのリストラが、単なる頭数合わせになっていることである。

ストリンガーが目指すもの

ストリンガー氏は、いったいソニーをどのような企業にしたいと考えているか――私が一番知りたいと思い続けてきたことだが、その輪郭が私にも見え始めてきたのは二〇〇九

年に入ってからだった。
その手がかりは、次の三つの取材を通じて得られた。
(一) 一月初めの国際家電見本市「CES2009」でのストリンガー氏の基調講演。
(二) 一月二十二日の「〇八年度連結業績見通し修正」の記者会見。
(三) 二月二十七日の新経営体制発表の記者会見。
(一) では、すでに触れたように、ストリンガー氏はオープンテクノロジーを支持するという象徴的な表現で、製品そのものの価値を認めず、製品はネットワークに繋がることで良質なコンテンツをユーザーが体験して初めて付加価値が与えられると宣言。つまり、家電製品はネットワークに繋がる「端末」に過ぎないから、独自技術に基づく製品など必要ないという考えである。
(二) では、ストリンガー氏は「コアビジネスの再定義」を行っていることを明らかにした。その背景には、連結業績で十四年ぶりになる営業赤字が過去最大の二千六百億円にのぼる見通しであることがあった。ストリンガー氏は「歴史が重荷になることさえあります。

ソニーには『古いソニー』がたくさんあります。しかし新しい部分が不足しています」と述べて、それまでのエレクトロニクス事業を否定した。

（三）では、CEO就任時に漏らした「私の最初の仕事は、この二つを速やかに取り除くこと」、つまり中鉢氏と井原氏の二人を更迭することで実現している。そして同時に、自前の経営チーム「四銃士」を作った。このとき、エレクトロニクス事業を、二つの事業ユニットに再編している。ひとつは、ゲーム事業（SCE）とパソコンのVAIO事業部、ウォークマンを始めとするモバイル製品などを集約した「ネットワークプロダクツ&サービス・グループ（NPSG）」である。もうひとつが、テレビやデジタルカメラ、ビデオなど従来のエレクトロニクス事業を中心とした「コンスーマー・プロダクツ・グループ（CPG）」である。

NPSGを率いるのは、ソニー本社のEVPに新たに就任するSCE社長兼CEOの平井一夫氏である。CPGを率いるのは、副社長に昇任する吉岡浩氏である。二つの事業ユニットの関係を率直に言えば、NPSGのネットワークビジネスで利益を確保し（成長産業）、CPGの従来のハード・ビジネスでは人員削減や工場の集約（閉鎖）、製造の外部委託への加速、先端的な研究開発の縮小などによるリストラでエレクトロニクス事業の赤字

体質を変えていく（構造改革）というものである。

エレキを捨ててエンタメへ

ソニーはエレクトロニクス事業を捨てて、コンテンツやネットワーク事業を含む広い意味でのエンタテインメント事業の会社に生まれ変わると公言したのである。

ここに至って私は、ストリンガー氏にとって一番大切なことは「エレキの復活」ではなく、エレクトロニクス事業のすべての資源をエンタテインメント事業の成長のために利用することではないかと考えるようになっていった。

かつて私は、ソニー社長時代の出井伸之氏に対してエレクトロニクス事業以外にも映画や音楽などのエンタテインメント事業、金融事業、ゲーム事業へと肥大化していくソニーグループの経営をどう考えているのか、尋ねたことがあった。

出井氏は白紙に円を描くとその中心に「エレキ」と書き、円の周辺に音楽会社のSMEや映画会社のSPE、ソニー生命など有力子会社の名前を書き連ね、こう言った。

「ソニーの本業は、あくまでもエレクトロニクス事業です。それ以外のエンタテインメント事業やゲーム事業、金融事業などは本業であるエレキをエンハンス（強化）するものと

してあるのです。だから、ソニーグループの経営は、本業であるエレキを強くすることが目的です」

その後、出井氏は会長兼CEO時代の後半になると、「コアビジネス」という言葉を常套句とするようになった。つまり、エレクトロニクス事業、エンタテインメント事業、ファイナンス（金融）事業の三事業をグループ経営の柱として「コアビジネス（中核事業）」と呼ぶようになったのだ。つまり、コアビジネスとしてエレクトロニクス事業と他の事業は「対等」な関係に位置づけられたのである。

何よりも大切なハリウッド

出井氏の跡を継いでCEOに就任したストリンガー氏は、当初「ソニー・ユナイテッド」を唱えて、ソニーグループの団結を訴えた。これは、出井氏と同じくコアビジネスはみな対等という考えである。しかし〇九年初めから続く一連のストリンガー氏の発言、とくに「コアビジネスの再定義」を言い出した背景に、私は大きな変化を感じた。

かつて出井氏が円の中心にエレクトロニクス事業を描いた図は、ストリンガー氏によって中心がコンテンツやネットワーク事業など広い意味でのエンタテインメント事業に置き

換えられているのではないだろうか。円の周辺にはエレクトロニクス事業や金融事業、あるいは新規事業が、今度はエンタテインメント事業をエンハンスするものとして位置づけられている——そう考えると、一連のストリンガー氏の発言の狙いが分かり易い。

エレクトロニクス製品は、あくまでもエンタテインメント事業が利益を上げていくためのツール（道具）であって、それ以上でも以下でもないのだ。そう確信したのは、ストリンガー氏がCEOに就任する前の〇五年一月、米国での取材でソフト（コンテンツ）とハード（製品）の関係について私が質問した時の返事を思い出したからだ。

ストリンガー氏は率直に語った。

「あるとき、ソニー本社の役員に『製品にコンテンツが入っていなかったら、たんなる役立たずです。コンテンツがなければ、（製品は）ガラクタなんですよ』と言ったことがあります。ソニー本社の人たちとの関係は、まあそんな感じでした」

さらに、こう言葉を継いだ。

「ソニーは、たんなるエレキの会社ではありません。エンタの会社であり、ゲームの会社であり、メディア企業なのです。ソニーが米国で、なぜこれほどまでに大きな存在で有力なブランドかと言えば、あらゆる分野をカバーしているからです」

ストリンガー氏によれば、米国ではSONYブランドから連想するのは、当時大ヒットした映画『スパイダーマン』なのだという。米国では、SONYブランドのイメージはSPEが製作した映画であって、日本のようなソニー製品ではないというのである。

おそらくいまもなお、ストリンガー氏の製品に対する考えやソフトとハードの関係についての見方は、〇五年当時のままなのだと思った。彼にとって、何よりも大切なのはハリウッドなのである。そして、SONYをコンテンツとネットワーク事業を含む広い意味でのエンタテインメント企業に変貌させることが夢なのかも知れない。

いったいどこで儲けるのか

それゆえストリンガー氏は、すべてのソニー製品をネットワークに繋ぐことに熱心である。二〇一〇年度（二〇一一年三月末）までに全製品の九〇パーセントをネットワーク機能内蔵およびワイヤレス対応の製品に切り替えると記者発表したことも、そうした熱意の表れと言える。ただどうしても気になったのは、ストリンガー氏が製品をネットワークに繋いだあと、どこで利益を確保するのか――そのビジネスモデルを明らかにしなかったことである。

もちろん、それは音楽のダウンロードなど目にみえない「モノ」（コンテンツ）を販売するビジネスを指しているわけではない。これは、ネットワークを利用した「物販」に過ぎないからだ。それらは、成功しているとは言えないが、すでにソニーでも始めている。私は、もっと別の新しい何かを見つけたのだと期待した。

新しい経営チーム「四銃士」を発表してからそれほど日が経っていない頃だったと思うが、私はストリンガー氏に直接、「ネットワークに繋ぐ理由は分かりましたが、ではどこで利益を稼ぎ出すつもりなのですか。それを教えてください」と尋ねた。

ストリンガー氏は少し考えてから、こう答えた。

「それをいま、平井（一夫氏）に考えさせているところだ」

「……………」

私は、絶句した。

ビジネスモデルを持たないまま、すべてのソニー製品をネットワークに繋ごうとしていたのか。まさか、ネットワークに繋いでいるうちにビジネスモデルが生まれるとでも思っていないだろうな――もし思っていたとしたら、これは経営とは言えない。こんな場当たり的なやり方しか出来ないのなら、ネットワーク作りもいい加減なものにならざるを得な

いだろうなと思った。しかも平井氏は、いまもなお、その「解」を見つけていない。

そろそろ「夢」から醒めるべき

盛田・大賀時代の「ソフトとハードは、ソニーグループのビジネスの両輪」は、出井時代に入ると「ソフトとハードの融合」に置き換わった。それは、ストリンガー・中鉢時代もストリンガー時代も変わらなかった。ストリンガー氏は「フュージョン（融合）」という単語で、私にしばしばその重要性を説いたものだった。

しかし「ソフトとハードの融合」を唱えてから十年以上も経つが、その製品もビジネスモデルも生み出すことに成功していない。もうそろそろ「夢」から醒めても、いい頃だと思う。多くのソニー社員は口には出さないものの、気付いていると思う。私はビジネスモデルも持たずにネットワーク事業を展開するくらいなら、ソニーの経営陣は「ソフトとハードの融合なんてなかったし、これからもない」と認め、そのことを社会に対しはっきり言うことが大切だと思った。

エレクトロニクス企業と思って入った会社が、エンタテインメントの会社になる——程度の差こそあれ、他の会社では出来ないことがソニーでは出来るのではないかと信じて入

社したエンジニアにとって、これほどショックなことはない。独自技術にこだわるな、誰にでも作れる標準的な製品がソニーに求められている製品だと説明されたら、それまで培ってきたエンジニアとしてのキャリアは否定されたも同然である。

トップが変われば、カルチャー（社風）も変わるものだ。

流出するエンジニア

技術や製品に価値を見出さない経営首脳や幹部のもとで働くことは、優秀なエンジニアほどプライドが傷つけられ、モチベーションも下がる。優秀であるが故に一家言の持ち主でもある彼らは、ストリンガー氏たちの言動に敏感な上司にとって煙たい存在でもある。社内に居場所がなくなれば、優秀なエンジニアが社外へ目を向けるようになるのは、至極当然なことである。しかし辞意を漏らしたとしても、彼らが会社から慰留されることはほとんどない。すでに触れた近藤哲二郎氏以外にも、社外に新しい活躍の場を求めてソニーを去った優秀な研究者やエンジニアは少なくない。

ハードディスクレコーダー「コクーン」やDVDレコーダー「スゴ録」、iPodの対抗商品プロジェクト「コネクト」の事業責任者だった辻野晃一郎氏は、インターネット大

手検索会社「グーグル（日本法人）」に入社し、社長まで務めている。その後、グーグル社長を退任した二〇一〇年に配信ビジネスなどを手がけるベンチャー企業「アレックス」を立ち上げ、社長に就任している。

世界のどこに居ても、見たい番組を自宅のテレビからインターネットを通じてリアルタイムで視聴できる「ロケーションフリーテレビ」を開発した前田悟氏もそのひとりである。音響メーカーのケンウッドと家電メーカーのビクターが経営統合して出来たＪＶＣ・ケンウッド・ホールディングス（現・ＪＶＣケンウッド）に移り、執行役員常務・新事業開発センター長を務めた。そのとき、新しい商品開発に取り組んだひとつに、ブルーレイディスクレコーダーとＨＤＤ、デジタルハイビジョンチューナー、ＦＭ／ＡＭラジオチューナー、デジタルアンプを集約した一体型ＡＶシステム「ＲＹＯＭＡ（リョーマ）」がある。簡単に言えば、ラジオで映像を視聴できるようにした独自のオーディオ機器でもある。二〇一一年に退社し、その後、新規事業立ち上げの準備中である。

ちなみに、タッチパネルを採用したロケーションフリーテレビは、ソニーで最初のタブレットだったと私は考えている。しかしソニーは、ロケーションフリーテレビから撤退している。

エンタテインメントロボット「アイボ」の事業責任者、天貝佐登史氏はアイボ・プロジェクトが中止されたのち、個人生体認証のひとつである「静脈認証」の技術開発に取り組んでいたが、ソニーでは研究開発の続行は困難と判断し、二〇一〇年十二月に起業している。それが、静脈認証機器の開発と販売を目的としたベンチャー企業「モフィリア」である。かつてのソニーのように海外進出を計画し、その準備中である。

サムスンへの技術移転

他方、同業他社やライバル・メーカーへの転職組もいる。

ソニー入社以来、徳原正春氏はテレビの技術開発ひと筋のエンジニアである。トリニトロン・カラーテレビの開発から始まる三十年に及ぶソニーのテレビ開発史を知る、きわめて数少ないエンジニアのひとりである。その徳原氏を、液晶テレビの世界市場シェアトップの韓国の電機メーカー「サムスン電子」がヘッドハンティングした。つまり、サムスンは易々と、ソニーが三十年にわたって蓄積したテレビの技術開発の「果実」を手に入れたのである。

また、サムスンと同じ韓国メーカーでライバル関係にある「LG電子」も、ソニー出身

のエンジニア、尾上善憲氏をヘッドハンティングしている。尾上氏は、ソニー時代には一般ユーザー向けのテレビや業務用モニターなどディスプレイ全般の商品開発の責任者を務め、業務用機器事業担当のSVPを最後にソニーを退社している。

その尾上氏にLGが与えたポストは、現地法人（研究所）「LG電子ジャパンラボ」の代表取締役である。LGやサムスンは一度は日本市場に参入したものの、日本メーカーのブランド力の強さ、韓国製品のクォリティの低さなどから日本の消費者を摑むことが出来ず撤退したという経緯があった。しかし世界の液晶テレビ市場で、シェア第二位のLGにとって米国に次ぐ大きな家電市場である日本を「空白」のままにはできないと判断し、液晶テレビで再参入を図ったのである。

そのため、二度と同じテツを踏まないため日本市場を徹底的に調査し、日本人のテイストにあった画像作りが肝要と判断したLGでは、優秀な日本人エンジニアの採用を始めた。その研究開発部門のトップに、尾上氏は招かれたのである。

大量のソニー社員が、同じ会社に移るケースもある。

ソニーは、サムスンと合弁で液晶パネルの製造子会社「S－LCD」を設立している。工場内ではソニー側とサムスン側の間にはファイアウォールが設置され、互いの技術の流

出を防ぐ建前になっていた。しかし現実には、ソニーのエンジニアは求めるレベルのパネルに仕上げるためには指導しなければならなかったし、サムスンのエンジニアが疑問点を尋ねれば、同じ現場で働く人間として教えることも少なくなかった。

そうした「交流」の結果、サムスンのヘッドハンティングにあうソニーのエンジニアが出始め、転職者が増え出したという。その数は、最低でも二十名、あるいは四十名を超えるという話もあるが、定かではない。いずれにしても、かなりの数のエンジニアがサムスンに移ったことは確かである。

それによって、何が起きたか。

「(転職したエンジニアは)サムスンのテレビの画質向上に貢献したと思います。ただ、ショックだったのは、ソニーのテレビの絵作りとサムスンのそれが似てきたことです。つまり、ソニーとサムスンでは、画質に差異がなくなってきたのです」

そう語るのは、ソニーグループの役員である。

製造現場からも大量流出

似たようなことが、製造部門でも起きている。

ソニーはさらなるコスト・カットのため、アセットライト（外部委託による設備投資の軽減）を加速させている。具体的に言えば、テレビなどエレクトロニクス製品の製造を、外部の製造委託会社に五〇パーセントまで拡大させるというものだ。その委託先のひとつ、台湾の鴻海精密工業（ブランド名はフォックスコン）には、工場閉鎖などで行き場を失ったソニーの製造現場の技術者が大量に移ってきている。肝心の製造現場では、ソニーの元社員である技術者たちがソニーの基準・条件に合格するように指導し、一緒に働いているわけだから、ある意味、ソニー製と言えるかも知れない。

ソニーが液晶テレビ「ＢＲＡＶＩＡ」の製造委託を依頼した頃、売上高が五千億円だった鴻海精密工業も、アップルから「ｉＰｏｄ」や「ｉＰｈｏｎｅ」など、デルやヒューレット・パッカードのパソコン、ノキアやソニー・エリクソンなどからは携帯電話、マイクロソフトや任天堂の家庭ゲーム機などの製造委託を受注していく中で売上高八兆円の巨大電機メーカーへと成長している。つまり、仕事を与えていた小さな企業が、いつの間にか自分よりも巨大で優良な電機メーカーになっていたというわけである。

ソニーの人材流出は、現在では間接部門にも及んでいる。人事部や法務部などで優秀な若手幹部が、ヘッドハンティングにあっている。

ちなみに、ソニー退社後、近藤哲二郎氏は二十名の部下とともに新しい研究拠点「I^3（アイキューブド）研究所」を立ち上げ、ＤＲＣを超える新しい映像クリエーション技術「ＩＣＣ」を開発している。これは、地デジ放送で送られてくるハイビジョン（ＨＤ）の映像をその四倍高密度の映像（４Ｋ）に作り替える技術である。「大画面、高精細化」が進む液晶テレビで、次世代テレビとして「４Ｋテレビ」が注目されている。ＨＤを４Ｋに映像変換する技術は、近藤氏の研究所以外には東芝の超解像度技術しかない。東芝は二〇一一年内の４Ｋテレビ発売を明らかにしている。

それに対抗し、アイキューブド研究所と提携し、ＩＣＣを使った４Ｋテレビの開発に入ったのが、国内液晶テレビ市場でシェアトップのシャープである。今後、国内の４Ｋテレビ市場は東芝とシャープの二社で牽引されることになるが、そこにはソニーの姿はない。

一千億円の下駄を履かせた

経営手腕に疑問符が付くストリンガー氏だが、「数字を作る」ことと「保身」には最大限の才能を発揮している。

ストリンガー氏がソニーＣＥＯとしてもっとも輝いたのは、売上高及び当期純利益が過

去最高を記録した二〇〇七年度（二〇〇八年三月期）の業績を発表した時であろう。

売上高　八兆八千七百十四億円（対前年同期比、六・九パーセント増）
営業利益　三千七百四十五億円（同、四二一・九パーセント増）
純利益　三千六百九十四億円（同、一九二・四パーセント増）

営業利益は過去最高ではなかったものの、前年度の五倍以上で史上二番目の高水準の記録であった。「ソニー復活」に欠かせない注目のエレクトロニクス事業の業績もまた、売上高および営業利益とも過去最高を記録していた。

売上高　六兆六千百三十八億円（対前年同期比、八・九パーセント増）
営業利益　三千五百六十億円（同、一二一・八パーセント増）

ＣＥＯ就任四年目での大幅な業績改善、ストリンガー氏の改革が着実に成果を出していると一部メディアで評価されたのは、至極当然である。

しかしエレクトロニクス事業は、本当に回復基調に入ったのであろうか。

エレクトロニクス事業の営業利益には、旧本社跡地の売却益の一部、六百七億円を始めソニーヨーロッパの本社が入居していたベルリンの複合施設の売却益百億円、長崎の半導体工場の売却益百五十六億円といった資産売却などで得た約一千億円が加えられている。日本の企業会計では「営業外収益」に加えられるものだが、ソニーは資産の売却益の一部を営業利益に加えることを認めている米国会計原則に従っているため、エレクトロニクス事業そのものが好調のように見えるのである。つまり、一千億円の下駄を履かせた過去最高の営業利益なのである。

それゆえ、翌〇九年三月期では最低でも一千億円の大幅減益は、織り込み済みだったといえる。それを回避するには、同じように不動産等の資産を売却するのが手っ取り早い方法だが、旧本社跡地など主だった資産を売却した以上、それに匹敵するような大型物件は残されていない。ならば、大幅な増収に期待するしかないが、売上高営業利益率二パーセント程度のエレクトロニクス事業では、かりに倍以上の五パーセントの利益率を確保できたとしても一千億円の営業利益を得るには二兆円の増収を果たさなければならない。

ちなみに、〇七年度の連結業績の純利益三千六百九十四億円にしても、円安による為替

差益約三千億円、金融子会社の上場益八百億円がなければ、利益はなかった。

事業戦略がないから数字を作る

誰がどう考えても、〇九年三月期の業績悪化は避けられなかった。ところが、〇八年の秋にリーマン・ショックが起きる。これで、業績悪化の原因を「百年に一度の不況」に転嫁し、さらなる大幅な人員削減（一万六千人）を実施する口実を得たのである。

エレクトロニクス事業そのものが回復基調にないわけだから、当然、〇五年三月期から続くテレビ事業の赤字も解消されるはずがない。むしろ逆に、テレビ事業の赤字体質は悪化していった。

ストリンガー氏が本気で「エレキの復活なくしてソニーの復活なし」と考えていたのなら、資産売却等で得た一千億円を営業利益に加えるのではなく、エレクトロニクス事業に全額投資すべきだったと思う。あるいは、将来の利益を生み出す事業、つまり成長戦略への全額投資を決断すべきだった。たしかに営業利益に加えれば、一時的には数字（業績）は良くなる。しかしそれが、根本的な解決にならないことは誰にでも分かる。そうしないのは、ストリンガー氏にソニー復活に向けて明確な事業戦略がないからである。むしろ、

事業戦略がないから、「数字を作る」ことしか出来なかったのかも知れない。

だからといって、ストリンガー氏の経営手腕に対し、監督責任のある取締役会で疑問視されたり、問題になることはない。ストリンガー氏が取締役会を監督機関からサポーター集団に変えてしまったからである――そう私が確信したのは、社外取締役の任期が取締役会で議論らしい議論もなく延長された事を知った時である。

社外取締役の任期を十年に

ソニーは、二〇〇三年に委員会等設置会社に移行している。コーポレイトガバナンス（企業統治）の強化が、その第一の目的である。経営の「監督」機能と「執行」機能をより明確に分離するため、監督機能を持つ取締役会では指名委員会などの委員会で社外取締役が過半数を占めている。とはいえ、社外取締役の任期が長期に及ぶと執行側との慣れあいや不適切な関係などが生じ、健全な緊張関係を維持できない可能性があると考え、内規ではあるが、ソニーでは任期は六年を超えないものとした。つまり、社外取締役の任期を六年間としたのである。

その任期に抵触したのが、取締役会議長で指名委員会議長の小林陽太郎氏（富士ゼロッ

クス元会長）である。〇三年六月から社外取締役を務める小林氏は、〇九年六月で任期一杯の六年を迎える。しかし小林氏は、その後も社外取締役を務めている。

小林氏に社外取締役を引き続き務めるように求めたのは、ストリンガー氏本人である。〇九年は社長の中鉢氏と副社長の井原氏に代えて、四人の若手幹部を登用して新しい経営チームを立ち上げた年である。そしてストリンガー氏自身も社長を兼務するというソニー史上初めての経営体制を敷いた年でもある。そのストリンガー氏の改革を支持し、最大の理解者だったのが小林氏である。

社長を兼務し自分とビジョンを共有する幹部で固めた経営体制は、ストリンガー氏の独裁体制と言われかねない一面を持っていた。社内外の反発に対抗するためにも、取締役の任命権を持つ指名委員会の議長で、取締役会議長を務める小林氏はストリンガー氏にとって社内に止めておきたい大切な人物であったろう。

それゆえ、ストリンガー氏が内規を改定してでも小林氏を取締役として留めたいと考えるのは当然である。またそれを実行しても、一概に批判されるようなものとは私は思わない。しかし内規の改定が、取締役会で真剣に討議された形跡がないとなれば、話はまた別である。

一説によると、取締役会終了間際に人事担当役員の藤田州孝氏が現れ、あたかも伝達事項がごとく「このたび、このようになりましたから、よろしくお願いします」と取締役の任期の改定を伝え、社外取締役も「ああ、そうですか」と応じ、それで終わったというのである。コーポレイトガバナンスの維持・強化の点でも、なぜ六年から十年に任期を変更する必要があるのか、十分に議論されるべき問題ではなかったかと思う。

ストリンガーのサポーター

他方、内規を含め委員会等設置会社移行当時から事情をよく知る小林氏が、なぜストリンガー氏の慰留を受け入れたのであろうか。コーポレイトガバナンスの視点からも社外取締役の任期を十年にすることに躊躇いはなかったのであろうか。分かったことは、小林氏がストリンガー氏の要望に十分に応えていることである。ソニー史上初めて社長を兼務する会長が誕生したということで、メディアから疑問視する声や批判が絶えなかったが、小林氏のもとにも意見を求めて記者たちが殺到した。

それに対し、小林氏は「社長を兼務することは異常でも何でもないし、珍しいことでもない」とストリンガー氏を擁護したし、時には、なぜか松下幸之助氏を引き合いに出して

「幸之助さんだって、営業本部長が病気のとき、営業本部長代行で最前線に出てきたじゃないか。ストリンガー氏も同じだ」と意味不明の説明を続けて煙に巻くこともあった。小林氏は、立派なストリンガー氏のサポーターであった。

「そんなヤツだとは思わなかった」

他の社外取締役に対しても、心配りは行き届いている。

現在（二〇一一年六月時点）、ソニーの取締役数は十五名だが、ストリンガー氏と中鉢氏の二人の社内取締役を除く十三名が社外取締役である。しかも十三名全員が、エレクトロニクス事業に携わった経験はなく、AV機器に関する商品知識や技術にも詳しいとは言えない。大学教授や研究所の代表、商社、コンサルタント、銀行などエレクトロニクス企業と縁がない役員か元役員である。トヨタの張富士夫会長の名前もあるが、同じメーカーとはいえ、自動車とAV機器では事業内容が違いすぎる。

そこで取締役会の会議に必要な資料も、事務局長のセリグマン氏の指示のもと負荷がかかり過ぎないようにシンプルにまとめられ、分かり易いように工夫されている。他社の中には社外取締役にも自社の事業内容全体を詳細に理解して欲しいと月一回の取締役会に数

百頁に及ぶ資料を配布するところもあるが、ソニーではセリグマン氏の配慮でそのような大量な資料に目を通させるようなことはしない。「どうせ形式的なものだから」というのが、セリグマン氏の口癖だという。

また、ソニーがスポンサーであるゴルフの「ハワイ・オープン」やニューヨークなどで行われるイベントに夫妻で招待するなど、取締役会以外の場所でのコミュニケーションにも心を砕いている。そのうえ、年俸一千万円は下らないという。

こうした努力の結果、ストリンガー氏と社外取締役の関係は良好である。取締役会でもストリンガー氏の発言や執行側の説明を、小林氏以下社外取締役は黙って聞くことが多いという。たまに社外取締役から質問が出ても、執行側の説明で終わることが多く議論が巻き起こることはほとんどないという。

そんな小林氏や取締役会の様子を聞いた相談役の大賀典雄氏は、周辺の親しい人たちに「(小林)陽太郎が、そんなヤツだとは思わなかった」と嘆いている。

小林氏はかつての財界四団体のひとつ、経済同友会の代表幹事を務め、一企業の枠を超えた財界の論客として高い評価を得ていた。一方、大賀氏も東京商工会議所の副会頭として財界活動に励んだ。企業を超えた活動を通じて互いに認め合う関係にあっただけに、大

賀氏は小林氏の「変身」がショックだったのであろう。

バッテリー発火事件「記者会見」せず

ところで、ストリンガー氏の「保身」をもっとも強力にサポートしたのは、なんといってもセリグマン氏であろう。

その手腕を私たちに示した最初のケースは、二〇〇六年のノートPC搭載のソニー製バッテリーが発火した事件である。六月にデル製のノートPCが発火すると、アップル、レノボなどのノートPCでも発火事件が相次いだ。その発火した様子の映像がインターネットで流されると、瞬く間に世界中の関心の的となった。

発火事件の舞台が米国ということもあって、ソニー米国のジェネラル・カウンセル（法務担当役員）でもあるセリグマン氏が、問題解決のための陣頭指揮をとった。回収に踏み切るにしても、それには米国消費者製品安全委員会（CPSC）との協議・調整が不可欠だった。訴訟社会の米国では、対応を一歩間違えれば、CEOのストリンガー氏の経営責任が問われかねないからだ。

セリグマン氏は、ソニー本社（東京）の広報部門にCPSCとの協議が終わるまで、ど

のような形であれ、記者会見を行わないように命じた。しかしバッテリー問題は、世界的な関心事になっており、日本のメディアも取り上げないわけにはいかない。ソニー本社への問い合わせも殺到していた。しかしソニー本社広報は、セリグマン氏の指示通り、いくら日本のメディアから記者会見を開催するように求められても応じなかった。そのため、ソニー本社は新聞を始め様々なメディアからサンドバッグのように叩かれ続けるのを、ただ黙って耐えるしかなかった。

何らかの釈明も説明もいっさい許さないセリグマン氏の指示によって、ソニーの販売現場では「悲鳴」が聞かれた。

「毎日毎日、新聞でソニーのバッテリーに問題があったと叩かれ、それに対し何の説明もしないため、消費者は他のソニー製品にも問題があるのではと思ったようで信用問題にもなりかねない状況でした。私たちにもいったいどうなっているのか、まったく説明がありませんでしたから、消費者からの問い合わせにも答えようもありませんでした。それがまた、何か隠しているように思われたようでした。それまで培ってきたソニーの信用を失いつつあると感じました」

五百億円損失でも処分者なし

ＣＰＳＣとの協議が終わり、バッテリーの自主回収が決まったのち、ソニー本社で記者会見が開かれた時は、最初の発火事件から四カ月後の十月二十四日になっていた。しかしその場には、ソニーの最高経営責任者であるストリンガー氏の姿は見当たらなかった。記者会見に応じたのは、バッテリーの担当役員と広報担当役員の二人であった。

各パソコンメーカーと協力して対象機種から九百六十万個のバッテリーを自主回収すること、その費用に五百十億円を見込んでいることが明らかになった。エレクトロニクス事業の建て直しのため、大規模なリストラを前年から始めた矢先の「五百十億円」の回収等にかかる費用は、営業利益五百十億円がまるまる吹っ飛ぶことと同じだからかなりの痛手となった。私は問題を引き起こしたバッテリーの事業責任者に対して、何らかの処分が必要だと感じた。しかし広報担当役員は、ストリンガー氏の経営責任はもちろん何らかの処分すら「考えていない」と否定したのだった。

そこで後にストリンガー氏との懇談のさい、問題を起こしたバッテリーはライバルメーカーだった三洋電機の対抗商品として強引に商品化された面も否定できず、当時の担当役員には何らかの処分が出されないとリストラに耐えている社員のモラール（士気）にも影

響すると疑問を提示した。

するとストリンガー氏は「それは、フェアではない」と言い出した。

「フェアではないとは……」

私はストリンガー氏の発言の意図が分からず、しばし二人の間に沈黙の時間が流れた。

痺れを切らしたか、ストリンガー氏は苛立ちの表情を隠さずに説明を始めた。

「たしかに、問題のバッテリーの製造を指示した責任は二人の幹部にある。しかしそれを認めたのは役員会だ。もし処分するなら、当時の役員会の出席者全員に責任があるのだから全員処分しないとフェアではない」

つまり、自分を含めて役員全員を処分するつもりはないから、二人も処分しないというのである。責任の所在を曖昧にする「一億総懺悔」は日本人の専売特許かと思ったら、そうでもないようである。外国人にとっても、責任回避の手段として有効のようである。ちなみに、ストリンガー氏が「フェアではない」という理由から処分を見送ったのは、中鉢氏（現・副会長）と中川裕氏（現・副会長）の二人である。

一億件個人情報流出は人災

ＣＥＯの経営責任が追及される公の場、例えば問題が起きた時の記者会見にストリンガー氏を出さないという姿勢は、その後も一貫して揺らぐことはなかった。

二〇一一年四月、ストリンガー氏が「ソフト（コンテンツ）とハードが融合した」ビジネスモデルと自慢する二つの配信サービスで、ソニーは一億件を超える個人情報流出問題を起こした。ゲーム配信の「プレイステーションネットワーク（ＰＳＮ）」と、映画・音楽配信の「キュリオシティ」の事業責任者は、ストリンガー氏が「四銃士」の中でもっとも評価する副社長の平井一夫氏である。平井氏は、ポスト・ストリンガーで先頭を走っているストリンガー氏お気に入りの幹部である。

この時も、ソニー本社で開かれた記者会見にストリンガー氏は姿を見せることはなかった。メディアの批判の前に立ったのは、ネットワーク事業の担当役員である平井一夫氏だった。記者会見の様子をインターネットで見たというソニー米国の元関係者は、こんな感想を漏らした。

「記者会見での平井の発言を聞いていると、ニコール（セリグマン氏）がチェックした想定問答の通りに喋っているなと思いました。だから、ハワードの経営責任に関するような

内容に触れませんし、発言もしません。質疑応答で記者からソニーの経営責任を問われたとき、自分がここに居るのは、自分の責任の事業だからといった内容のことを話していましたよね。あれは、ハワードに経営責任の追及が及ばないための一種の防衛です。全体の印象としては、とにかくソニーは被害者なんだとアピールしているように感じました」

たしかに、ハッカーの攻撃によって個人情報が流出することになったという意味では、ソニーは被害者である。しかしふたつのネットワークシステムの管理・運営をしていた米国子会社は、ハッカーが攻撃したシステムの脆弱性がすでに指摘されていたにもかかわらず、それを見過ごし放置してきたという過ちを犯していた。その結果の個人情報の流出という点では、ソニーは間違いなく加害者である。

この管理運営会社の社長は、ストリンガー氏がソニーのソフトを強化するため、アップルから直々に引き抜いてきたティム・シャーフ氏である。シャーフ氏は、〇五年十二月にソニー本社のネットワークエンタテインメント部門長として迎え入れられている。

率直に言えば、一億件を超える個人情報流出の原因、そしてその責任はシャーフ氏を含む管理子会社の経営陣にある。つまり、人災である。

だいたい、PSNとキュリオシティという二つの配信サービスは、ストリンガー氏が

「コンテンツ（ソフト）とハードを融合」したビジネスモデルとしてソニーグループをあげて取り組んだはずの事業である。いわば、ソニーグループのビジネスである。なのに、ソニー米国から見れば子会社、ソニー本社から孫会社にあたる管理会社に世界のユーザー七千七百万件もの個人情報を一元管理させていたなどとは信じられなかった。ネットワークビジネスで一番大切なセキュリティを疎かにしていた事実は、配信サービス以前の問題だと言わざるを得ない。

しかしもっと驚いたことには、この管理運営会社はセキュリティの責任者を置いていなかったし、ソニー本社の情報システムの責任者と綿密な関係を持とうとしてこなかったのである。つまり、ストリンガー氏はネットワーク事業を、グループ全体ではなくゲーム事業のSCEとソニー米国に一任するという形で、きわめて閉鎖的に進めていたということになる。

外国人幹部の責任回避

ところで、ソニー本社の情報システムの責任者として、記者会見には「IS（情報システム）センター長」の長谷島眞時氏（SVP＝常務に相当）が出席していた。事件を踏ま

え、管理運営会社が新しく設けたセキュリティの責任者は、長谷島氏にレポートを送る体制に代わったことが説明された。しかしそれでも、私は得心がいかなかった。

もともとソニー本社の情報システムの最高責任者は、ストリンガー氏がスカウトしたチーフ・トランスフォーメーション・オフィサーのジョージ・ベイリー氏（SVP、情報システム担当）だったはずである。〇九年六月にIBMから来たベイリー氏は、長谷島氏の上位の責任者であり、記者会見では長谷島氏ではなく彼が出席して説明する立場にあったと思う。その意味では、米国の管理運営会社のシャーフ氏ときちんと連絡を取り合い、ソニーとして万全のセキュリティ体制を構築する責任がベイリー氏にはあったはずである。それが、いつの間にか、長谷島氏にすべて押しつけ、自分は責任が及ばない安全な場所に避難しているように私には思えて仕方がなかった。

二つの事件を通して分かったことは、ストリンガー氏を始め外国人幹部は責任を回避することが巧みであるということ、経営責任が追及される記者会見には出席しないということ、そして実際に責任を問われたことがないということである。

報酬八億六千万円は貰いすぎか

二〇一〇年度の報酬額が一億円を超えるソニーの役員は四名、会長兼社長・CEOのハワード・ストリンガー氏が約八億六千万円（ストックオプションを含む）、副会長の中鉢良治氏が約二億五百八十八万円（同）、副社長の平井一夫氏が約一億五千二百八十万円（同）、EVP兼ジェネラル・カウンセルのニコール・セリグマン氏が約二億百八万円（同）であった。

ソニー本社の役員は、子会社の役員を何社兼務しても無報酬が当たり前であった。というのも、本社の報酬ですべてを賄っているという考えがあったからである。しかしソニー米国の役員を兼務する外国人役員は、両社から報酬を受け取っている。ソニーの生え抜き役員ではない平井氏も同様である。

報酬額を日本の同業他社と比べて単純に高いとか貰いすぎだとか言うつもりはない。取締役会がソニーに必要な役員と認め、経営を任せた以上、それこそ現金で五億円でも十億円でも支払うべきである。大切なことは、その報酬額に見合うだけの仕事をしているか、ソニーに貢献したかを評価することである。見合うと判断出来れば、同業他社とのバランスなど考えることなく、どんなに高額であっても支払うべきである。

しかしストリンガー氏の場合、当てはまるであろうか。

二〇〇五年のCEO就任から二〇一一年で七年目を迎えた。就任当初の宣言、「エレキの復活なくしてソニーの復活なし」「テレビの復活なくしてエレキの復活なし」が、いわばストリンガー氏の公約である。しかしいまなお、エレクトロニクス事業の復活の兆しは見えない。テレビ事業に至っては、七年連続営業赤字である。二〇一一年八月時点で、翌一二年の営業赤字も確定している。純利益（最終損益）は二〇一一年三月期で三年連続赤字である。

にもかかわらず、ストリンガー氏は前年から二年連続で八億円を超える報酬を手にしている。報酬額は〇五年には公開されていないので、報酬額の推移は正確には分からない。しかし高額な報酬が続いてきたのではないかと想像できる。

経営は数字（結果）がすべてと言われる。短期の利益にシビアな米国式経営を想定したら、やはり八億円を超える報酬額は高すぎると言わざるを得ない。しかも子会社からも報酬を受け取る仕組みは、ちょっと狡い気がする。

かつてストリンガー氏は私にソニー入社の動機のひとつを、こう説明した。

「（SPE問題で）ソニー全体が『米国人は、ただただ欲深いだけだ』と思ってしまった

ことは分かっていましたから、その米国人観を変えることも私の仕事だと思った」

しかしいまなら、私はこう言葉を返すだろう。

「いえいえ、ストリンガーさん。あなたもソニー米国の役員たちも、十分に欲深い人たちですよ」

そしていまの私たちは、彼らの強欲を止めさせる術を持たない。

最終章　さよなら！　僕らのソニー

創業者・盛田昭夫氏のスピリットはいずこに…

大賀典雄「お別れの会」

まだ六月だというのに、真夏日を思わせる蒸し暑い日だった。

その日、私は平服に黒のネクタイ姿で、東京のＪＲ上野駅の公園口改札口の前でしばらく佇んでいた。私の目の前には、改札口から近くの東京文化会館まで喪服姿の混じった年配の人たちの列が続いた。

おそらく、ほとんどの人たちが四月二十三日に永眠したソニー相談役、大賀典雄氏（元会長）の葬儀に参列するのだろうと思った。そういう私も、大賀氏の葬儀に参列するのが目的で上野に来ていた。

二〇一一年六月二十三日午後三時から東京文化会館大ホールで、大賀氏の社葬「お別れの会」が執り行われた。葬儀委員長にはハワード・ストリンガー会長兼ＣＥＯが就任し、副委員長は中鉢良治副会長が務めた。

エントランスからホールの入り口までにあるホワイエには、大賀氏の大きな写真が飾られ、その前に献花台が備えられていた。私も献花し、写真に黙礼しながら「お疲れ様でした」と心で祈った。

大ホールに入ると、そこはまさにコンサートホールそのものだった。壇上には、すでに

東京フィルハーモニー交響楽団とソニー・フィルハーモニック合唱団の準備が整っていた。会場には出井伸之ソニー元会長や橋本綱夫元副会長、中村末広元副社長ら大物OBの顔が揃っていた。大賀氏が「ソニーの社長に」と最後まで固執した久夛良木健元SCE会長の気落ちした表情が、全てを物語っていた。

元NHKアナウンサー、草野満代氏の司会で「お別れの会」が始まった。「献奏」として、ベートーベンの交響曲第三番「英雄」の第二楽章が、会場となった大ホールを包み込むように流れた。そして一分間の黙禱の後、再び献奏に入った。今度は、モーツァルトのレクイエムから「ディエス・イレ」と「ラクリモサ」が奏でられた。まるでコンサートに来たような気分になってきた。

故人を偲ぶ映像が流された。

正面右手に用意された大型ディスプレイには、次々と元気な頃の大賀氏の姿が映し出されていった。その中では、ソニーの専用ジェット機「ファルコン」の操縦席に座って自慢げな大賀氏の姿が、私にはとても印象的だった。実際、ファルコンを仕事の移動に利用したというから、万が一のことを考えるなら、その間は祈るような気持ちだったろうソニー関係者に同情を禁じ得なかったものだ。

十七年前の最初のインタビュー

私がソニーの取材を始めたのは、一九九四年の秋からだった。だから、ソニー取材はもう十七年に及ぶ。しかしその間の大賀氏へのインタビューは、十回にも満たない。九五年に出井氏が新社長に就任するため、私のソニー取材はほとんどが「出井時代」に入るからだ。それでも私は、大賀氏との最初のインタビューをよく覚えている。

「プロダクト・プランニング（商品企画）」の重要性を訴える中で「ユーザーの琴線《きんせん》に触れるような製品でなければ、ダメなんだ。あなた、『ことせん』ではないからね。最近の記者さんは『琴線』を『ことせん』と読む人が多いから、間違えないで下さい。『きんせん』ですからね」と何度も注意されたからである。

その瞬間、私は「これか」と得心した。

初めてのソニー取材で大変だろうから、とソニーに詳しい新聞記者や雑誌記者の友人たちが私にレクチャーしてくれた中に、大賀氏のインタビューで気をつける点に挙げられたひとつに該当したからだ。

「大賀会長へのインタビューでは、大賀さんは必ず『君には分からないだろうけども』と

か『君は知らないだろうけども』といった前振りをするけど、気にしないように。時には『だったら、分かるように説明しろ』と突っ込みたくなるけど、本人にはまったく悪気はないんだ。ただ態度が横柄というか、上から目線で言っているように見えるから気分を害する人も少なくなくて、それが大賀さんの悪評のひとつになるんだけども、本人は本当に心配してというか、わざわざ取材に来てくれたのだからと配慮しているつもりなんです。何回もインタビューするようになると、それが分かるようになるんだけれども」

しかし私には、逆に新鮮に映った。

むしろ私が閉口したのは、大賀氏はひとつ質問すると自分が言いたいこと、いや、それから派生する問題まで説明しないと気が済まないようで、なかなかインタビューが先に進まないことだった。しかも脇にそれた話がまた示唆に富み、興味深いものだったから、私もついつい引き込まれてしまったものである。

大賀氏とは、取材者としてそれほど密な関係にはなかったが、それでもお別れの会の間にいろいろと思い出すことが多かった。

ストリンガーに批判的だった

三度目の「献奏」を迎える。

大賀氏の友人で、桐朋学園大学学長の堤剛氏が「チェリスト」として、バッハの「無伴奏チェロ組曲第六番　サラバンド」を演奏した。チェロの低い音色が床を這うようにしてホール全体を包み込んでいく。耳からではなく身体全体に入り込んでいくような感じだった。大賀氏を心から追悼する堤氏の思いを代弁するかのようであった。

ストリンガー氏が、スタッフに先導されて壇上の中央に進んだ。持病の腰痛が悪化し手術した直後とあって、足下がやや心許なく見えた。ストリンガー氏は大賀氏の写真の前に立ち、式辞を読み上げ始めた。

いつも感じることだが、ストリンガー氏のスピーチは文章よりも暖かく、心にしみるものがある。話しかけるように読み上げるストリンガー氏のスピーチ原稿の内容は、右側のディスプレイに日本語で表示された。

私は、その間、晩年の大賀氏がストリンガー氏の経営手法に批判的だったことを思い出していた。大賀氏の目指した消費者の「琴線に触れる」製品の開発よりもコンテンツやネットワーク事業などに傾斜するストリンガー氏の経営に不安を覚え、心配していたと言っ

たほうが適切なのかも知れない。

大賀の「最大の悔い」

しかしそれにしても、大賀氏は晩年「反省ばかりしていた」という。最初の自分の決断に対する疑問が湧き起こったのは、創業者である盛田昭夫氏が亡くなった一九九九年十月以降のことである。それは、出井伸之氏を自分の後継者に選んだことは正しかったのか、という疑問である。そして二〇〇一年頃までには、失敗だったと反省するようになったという。

そして大賀氏は「私は出井君を（ソニーのトップとして）認めない」とまで判断するようになる。

プロダクト・プランニングをもっとも重視する大賀氏にとって、消費者の琴線に触れる製品を開発させ、市場に送り出そうとしない出井氏は評価に値するソニーの経営者ではなかったのであろう。なにしろ、出井氏の関心は「ソニーらしい」製品の開発よりもネットワーク事業やビジネスモデルの構築に向けられていたし、インターネット銀行や損害保険会社、ネット証券への投資に熱心だった。

それゆえ、二〇〇五年にエレクトロニクス事業の不振の責任をとる形で、出井氏のみならず社長の安藤國威氏、社内取締役全員の辞任が発表され、経営体制の一新が図られたとき、そして新たにストリンガー会長兼CEOと中鉢良治社長兼エレクトロニクスCEOの経営体制が誕生したとき、大賀氏は「新しい力」に大いに期待したのだと思う。

しかし翌年には、顧問制（二年間）の廃止などソニーに尽くした人たち、あるいはOBに対し冷たい態度をとるようになったストリンガー・中鉢体制は、大賀氏にとってけっして心穏やかでいられるものではなかっただろう。

「ここまでやるとは思わなかった」

ソニーは、二〇〇七年二月、本社を品川から港区港南の二十階建ての高層ビルに移す。しかし大賀氏には、新本社にソニー相談役としての部屋は与えられなかった。前本社の大賀氏の部屋の窓からは、ソニー創業の地「御殿山」の旧本社の建物が見える。その旧本社跡地を、ソニーは売却した。

大賀氏の部屋の窓からは、旧本社の建物が壊されていく様子が一望できた。時折、大賀氏を前本社の相談役室に訪ねてくるOBや親しい人たちに対し、窓を開けて崩れゆく旧本

社の建物を指さして「ハワードと中鉢が、ここまでやるとは思わなかった」と怒りを露わにしたという。

御殿山の旧本社は大賀氏にとって、偉大な二人の創業者、井深大氏と盛田昭夫氏とともに苦労を分かち合って、町工場に毛が生えた程度に過ぎなかったソニーを世界企業に育て上げた忘れられない場所である。ソニーが抱える諸般の事情から売却しなければならなかったにせよ、日々取り壊され姿を変えていく「創業の地」を見せつけられる大賀氏の心中を察するにあまりあるものがある。

第三者から見ても、ソニーの功労者に対してあまりにも配慮がなさすぎる仕打ちと言わざるを得ない。いつからソニーは、これほどまでに功労者やOBをリスペクトする気持ちを失ってしまったのであろうかと私は暗澹たる気持ちになったものだ。

たしかに、OBをはじめ外野の声をストリンガー氏や中鉢氏ら経営首脳が煙たく思ったのは事実である。だからといって、先人に対してリスペクトする気持ちまでも失っていいものであろうか。

「ハワード、あなたはもうアメリカに帰りなさい」

「エレキの復活なくしてソニーの復活なし」「テレビの復活なくしてエレキの復活なし」と高らかに宣言したストリンガー・中鉢体制だったが、前任者の出井氏同様、消費者の琴線に触れるソニー製品を市場に出せたかといえば、はなはだ疑問である。むしろ逆に、コンテンツを含むネットワークビジネスをソニーのコアビジネスとする方針だけは限りなく強まり、加速するばかりであった。

しかしかりに、それが成功したとしても二兆円程度のビジネスにしかならない。不振のエレクトロニクス事業は約五兆円の売り上げ規模を誇る。素人ながら、将来はネットワークビジネスが中心になるにしろ、それまでの間を支えるテレビ事業を始めとするエレクトロニクス事業の復活がなければ、将来も何もないのではないかと心配になる。

おそらく大賀氏は、ソニーの内情を知る立場にあったから、なおさら危機感が強かったのではないだろうか。だから、思いあまって直接行動に出たのかも知れない。

ある日、大賀氏はストリンガー氏に対し「ハワード、あなたはもうアメリカに帰りなさい」とCEO辞任を促したことがあった。それに対するストリンガー氏の返事は「あなたこそ、この部屋（相談役室）から出て行きなさい」と逆に大賀氏にソニーからの完全リタ

イアを求めるものであったという。

このエピソードを知らされたとき、私は思わず「なるほどな」と思った。CEOがすべての権限と責任をもつ米国育ちのストリンガー氏にとって、もはやオペレーションに関係ない相談役の大賀氏やOBの発言ならびにアドバイスが疎ましいのは当然である。有り体に言えば、自分がCEOとしてソニーの経営を任されたのだから、外野（大賀氏やOBたち）は黙っていろ、という認識である。

それに対し、大賀氏は井深氏・盛田氏という二人の偉大な創業者からソニーを預かったという気持ちだったろうし、自分の目の黒いうちはソニーを変な方向に導かせない、潰させないぞという思いだったろう。

こうした意見の対立以前の対立が生じることは、出井氏がストリンガー氏を後継者に決めた時にすでに分かっていたはずである。それを放置してきた結果、抜き差しならないところまで来てしまったのかもしれない。

ストリンガー氏の式辞が終わると、みずほフィナンシャルグループ名誉顧問の橋本徹氏の弔辞が始まった。そして「献奏」が入って、遺族代表として子息の大賀昭雄氏の挨拶へと移っていった。

大賀昭雄氏の挨拶の中で、私は大賀氏が五十歳前後からけがや病魔との戦いの連続だったという事実を初めて知った。中国の北京で倒れ、意識がないまま日本へ帰国して最高の医療を受けたことで奇跡的な回復をしたことは、あまりにも有名だったから私も知っていた。しかし何度も救急車で運ばれ、その都度、奇跡的な回復を遂げていたという。だから、大賀昭雄氏は遺族の誰もが今回も不死鳥のように蘇ってくれることを信じて疑わなかったと、遺族の気持ちを代表して語った。

大賀昭雄氏の挨拶が終わると、ストリンガー氏らソニーの経営首脳が壇上の大賀氏の写真の前で献花をした。その間、シューベルトの交響曲第八番「未完成」の第二楽章が演奏された。

いよいよ最後のお別れをする時がやってきた。

生前、大賀氏が葬儀の最後に流して欲しいと遺族に頼んでいた曲が演奏された。シューベルトの「ロザムンデ」間奏曲第三番である。これで、本当に本当の最後のお別れかと思うと何とも言えない気分になった。月並みな言葉だが、「お疲れ様でした。もうゆっくりと休んでください。ソニーのことは、残された人に任せて見守ってください」と心の中で祈ってから外へ出た。

ひとつの時代が終わった

東京文化会館を出たところで、顔見知りのOBのひとりに捕まった。彼は何とも言えない表情を見せたあと、問わず語りにこうつぶやいたのだった。

「大賀さんの死で確かなことは、ソニーのひとつの時代が終わったということです。これからのソニーは、どうなるんですかね。相変わらずリストラ（人員削減）が続き、ソニーの優秀なエンジニアは外へ出て行くしかないんでしょうか。世の中を驚かせるような製品は、（ソニーからは）もう出てこないし、期待もしてはいけないのでしょうね」

私は、何も答えなかった。

「そうだ」とは言いたくなかったし、だからといって「違う」とも言えなかったからである。私自身、ストリンガー体制下のソニーがどこへ向かっているのか、その果てにいったい何があるのか、まったく分からなかった。

私に分かるのは、ストリンガー体制のソニーが私たちの知っている「昔のソニー」ではもはやなくなっているということである。

二〇〇五年にストリンガー氏がCEOに就任して以来、ソニーは人員削減や国内外の工

場の集約（つまり工場削減）を加速させるとともに、ソニープラザやマキシム・ド・パリなどリテール部門の売却、旧本社跡地やソニーヨーロッパの本社ビル、白金台にあったソニー・ミュージックエンタテインメント（日本）所有の上空から見ると「グランドピアノ」の形をしたビルなどの資産売却を続けてきた。

「エレキの復活」は机上の空論

いわゆる構造改革（リストラ）によって得た資金が、成長戦略（新規事業）に投資され大きなビジネスを育てることにつながれば、資産売却とコスト・カットも意味のあるものだったろう。しかし実際には、成長戦略が成功したケースはなく、逆にリストラで得た資金は業績不振を補う「利益」に使われただけであった。まさにタコが、自分の足を食っているようなものである。

優秀なエンジニアの流出は止まらず、次のビジネスの種となる長期のプロジェクトも次々と中止されたため、「テレビの復活」どころか「エレキの復活」も机上の空論となってしまっている。それもこれも、ストリンガー氏と彼を信奉する幹部たちの間にある、エレクトロニクス事業に対する信仰にも似た強い確信、共通認識の故である。いわく「デジ

タル時代になったから、技術格差はなくなった」、いわく「デジタル時代では製品の差異化は難しい」、その結果「ハード（製品）では利益を確保することはできない」というものである。

それゆえ、彼らは「日本一」や「世界一」を目指す研究開発に価値を見いだせない。彼らがもっとも価値を置くのは、ネットワークビジネスであり、そのビジネスモデルの構築である。その中では、家電製品はネットワークに繋がるための「端末」に過ぎない。ソニー製の端末が売れなければ、他社の端末を仕入れて売ればいい、ということになる。

かくして、ストリンガー体制下のソニーはメーカーから離れていく。

「ハゲタカに乗っ取られたと同じ」

「これでは、第二の『ヒット＆ラン』（SPEを自分の財布代わりに使った二人の米国人経営者を描いた本のタイトル）じゃないか」「ハゲタカファンドに乗っ取られたのと同じじゃないか」等々、井深・盛田時代を生き抜いたソニースピリットを体験しているソニーOBが危機感を強めるのも、ハード軽視のストリンガー体制に失望するエンジニアの不満の声も分からないわけではない。

しかし彼らは、そのような感情が自分たちが「日本から」、そして「エレクトロニクス事業から」SONYを見ていることに起因するものであることに気付かない。ストリンガー氏の生活基盤は、米国のニューヨークにある。そこには彼を心地よくする親しい友人らとのコミュニティがあり、彼が管轄する映画や音楽、ゲームなどエンタテインメント事業の本拠地である。

そしてストリンガー氏が信頼する幹部もまた、ニューヨークの生活基盤を東京に移そうとはしない。ストリンガー氏が東京へ出向けば、彼らも同行する。それゆえ、どんなに外の風景が変わろうとも、彼らにとってニューヨークのオフィスで仕事をしているのと同じなのである。

人間が環境の動物である以上、ストリンガー氏もまた自分の依って立つところから物事を見ようとする。彼は「米国から」、そして「エンタテインメント事業から」日本とソニーのエレクトロニクス事業を見つめる。米国は家電メーカーが全滅した国であり、コンテンツとネットワークビジネスの先進国である。ストリンガー氏がハード（製品）そのものに「価値」を見いだせない、エレクトロニクス事業に将来性を感じられないのは、彼にとって至極当然なことである。

ソニーが上場企業である以上は、グローバルにビジネスを展開してきた以上は、乗っ取りや敵対的ＴＯＢの対象にされるのはやむを得ないことである。経営を米国式の監督と執行に分離したことが失敗であっても、仕方がないことである。グローバル市場に足を踏み入れ、グローバル企業になろうとすれば、さまざまなリスクを覚悟しなければならない。そしてソニーは、それに耐えるしかない。

すでに日本の会社ではない

「ＳＯＮＹ」ブランドが輝いたかつてのソニーを知る者にとって、日に日にメーカー・マインドを失っていくソニーの姿を見るのは辛い。しかし「グローバル企業」とは、こういうものなのだろうなとも思う。

地域や国単位で市場をとらえるのではなく、全地球をひとつの市場と見なして事業展開するのがグローバル経営とするなら、当然、それに見合った経営体制が必要になる。その体制では、きっと本社の所在地や本業、創業者精神、カルチャーなどそれまでソニーが大切にしてきたものを重要視することはナンセンスなのだろう。まして、盛田氏がニューヨークのショールームに日章旗を掲げた時の言葉「ここは、日本の会社だよ。オレも君たち

も日本の代表なんだ。われわれは、日の丸に恥じないことをやるために、国旗を出すんだよ」は、すでに無用の長物なのかも知れない。

それゆえグローバル経営を目指すストリンガー体制のソニーでは、地球市場を見渡して儲かる場所（地域や国）をいち早く見つけ、その場所に出向いて利益が確保できるビジネスを展開し、その見返りに経営トップは莫大な報酬を得る、という企業を理想としているのであろう。

そしてそれを繰り返し実行できる人間だけが、トップの座に居座ることができる。

だから、ストリンガー氏の右腕であるウォール街出身のロバート・ウィーゼンソール氏（ソニー米国EVP）が、ソニー米国で「CEOが居る場所が本社なんだ。ハワードは米国に住んでいるから、ソニー米国がいまのソニーの本社なんだ」と叫んだとしても、また「ソニーが生き残るためには、エレクトロニクス事業を売却してその利益を（将来性のある）エンタテインメント事業に注ぎ込まなければ、どうにもならない」と主張したとしても、それはそれで一理ある。

会社は株主のものであるとするなら、二〇〇六年三月期から二〇〇八年三月期までの三年間に外国人株主の持株比率が過半数を占めたとき、ソニーは一時、外国企業になったと

言える。いまも、外国人株主の持株比率は四〇パーセントを超える。「もの作り」に関心がなく、エレクトロニクス事業も分からない外国人がCEOを務める限り、彼がソニーをエレクトロニクス企業からエンタテインメント企業へ導いても誰も責められない。

なぜなら、ソニーの取締役会は社外取締役が大半を占めるが、その彼らも全員がエレクトロニクス事業と縁もゆかりもない人で、その人たちが外国人CEOの強力なサポーターだからである。そして株主総会もまた、エンタテインメント事業へ傾斜する外国人CEOの経営方針を認め、彼のCEO就任を認めるからである。

もうときめきは戻らない

ソニーは日本企業であり、エレクトロニクス・メーカーであり続けると信じて疑わない日本人とソニーファンにとって認めがたいことであろうが、グローバル企業になるということは、そういうことなのである。

たしかなことは、かつてソニーのFMラジオから流れる高音質な音色に感激し、トリニトロン・カラーテレビの映像の美しさに驚嘆し、ウォークマンにときめいたようなことは、もう二度とは起こらないということである。

そして私たちは、けっしてストリンガー体制のソニーに以前のような輝きを期待してはいけない。いまのソニーは、私たちに「夢」を与えてくれた、ソニースピリットあふれる私たちの知るソニーではないからだ。

いまの私たちに出来ることは、未来への「希望」を与えてくれた「SONY」に感謝の言葉を捧げるとともに、こう言うだけである。

「さよなら！　僕らのソニー」

立石泰則（たていし　やすのり）

ノンフィクション作家・ジャーナリスト
1950年、福岡県北九州市生まれ。中央大学大学院法学研究科修士課程修了。経済誌編集者や週刊誌記者等を経て、1988年に独立。1993年に『覇者の誤算　日米コンピュータ戦争の40年（上・下）』（日本経済新聞社）で第15回講談社ノンフィクション賞受賞。2000年に『魔術師　三原脩と西鉄ライオンズ』（文藝春秋）で1999年度ミズノスポーツライター賞最優秀賞受賞。他に、デビュー作『復讐する神話　松下幸之助の昭和史』（文藝春秋）を始め『ソニーと松下』、『ソニーインサイドストーリー』（ともに講談社）、『ふたつの西武』（日本経済新聞社）、『ヤマダ電機の暴走』、『フェリカの真実』（ともに草思社）など著書多数。

文春新書

832

さよなら！　僕《ぼく》らのソニー

2011年（平成23年）11月20日　第1刷発行
2012年（平成24年）1月10日　第4刷発行

著　者　立石泰則
発行者　飯窪成幸
発行所　株式会社 文藝春秋

〒102-8008　東京都千代田区紀尾井町3-23
電話（03）3265-1211（代表）

印刷所　理想社
付物印刷　大日本印刷
製本所　矢嶋製本

定価はカバーに表示してあります。
万一、落丁・乱丁の場合は小社製作部宛お送り下さい。
送料小社負担でお取替え致します。

ISBN978-4-16-660832-4

◆経済と企業

マネー敗戦　吉川元忠
新・マネー敗戦　岩本沙弓
強欲資本主義 ウォール街の自爆　神谷秀樹
ゴールドマン・サックス研究 世界経済崩壊の真相　神谷秀樹
黒字亡国 対米黒字が日本経済を殺す　三國陽夫
石油の支配者　浜田和幸
金融工学、こんなに面白い　野口悠紀雄
金融商品取引法　渡辺喜美
定年後の8万時間に挑む　加藤　仁
人生後半戦のポートフォリオ　水木　楊
資産フライト 「増税日本」から脱出する方法　山田　順
霞が関埋蔵金男が明かす 「お国の経済」　髙橋洋一
臆病者のための株入門　橘　玲
企業危機管理 実戦論　田中辰巳
企業コンプライアンス　後藤啓二
ハイブリッド　木野龍逸

日本企業モラルハザード史　有森　隆
熱湯経営　樋口武男
先の先を読め　樋口武男
オンリーワンは創意である　町田勝彦
明日のリーダーのために　葛西敬之
インド IT革命の驚異　榊原英資
東電帝国 その失敗の本質　志村嘉一郎
修羅場の経営責任　国広　正

＊

エコノミストは信用できるか　東谷　暁
エコノミストを格付けする　東谷　暁
生命保険のカラクリ　岩瀬大輔
日本経済の勝ち方 太陽エネルギー革命　村沢義久
デフレはなぜ怖いのか　原田　泰
団塊格差　三浦　展
ポスト消費社会のゆくえ　辻井　喬　上野千鶴子
いつでもクビ切り社会　森戸英幸
自分をデフレ化しない方法　勝間和代

JAL崩壊　日本航空・グループ2010
ユニクロ型デフレと国家破産　浜　矩子
もし顔を見るのも嫌な人間が上司になったら　江上　剛
就活って何だ　森　健
ぼくらの就活戦記 難関企業内定者40人の証言　森　健
出版大崩壊 電子書籍の罠　山田　順

◆社会と暮らし

同級生交歓　文藝春秋編
ウェルカム・人口減少社会　藤正 巖／古川俊之
「信用偏差値」あなたを格付けする　岩田昭男
少年犯罪実名報道　髙山文彦編著
アベンジャー型犯罪　岡田尊司
週刊誌風雲録　高橋呉郎
リサイクル幻想　武田邦彦
私が見た21の死刑判決　青沼陽一郎
闘う楽しむマンション管理　水澤 潤
「老いじたく」成年後見制度と遺言　中山二基子
年金無血革命　永富邦雄
いま、知らないと絶対損する年金50問50答　太田啓之
ヒトはなぜペットを食べないか　山内 昶
犬と話をつけるには　多和田 悟
猫の品格　青木るえか
ゼロ円で愉しむ極上の京都　入江敦彦

世界130カ国自転車旅行　中西大輔
日本全国 見物できる古代遺跡100　文藝春秋編
戦争遺産探訪 日本編　竹内正浩
地図もウソをつく　竹内正浩
日本の珍地名　竹内正浩
ラブホテル進化論　金 益見
非モテ！　三浦 展
山の社会学　菊地俊朗
北アルプス この百年　菊地俊朗
東京大地震は必ず起きる　片山恒雄
列島強靭化論 日本復活5カ年計画　藤井 聡
サンカの真実 三角寛の虚構　筒井 功
風呂と日本人　筒井 功
はじめての部落問題　角岡伸彦
日本刀　小笠原信夫
戦争を知らない人のための靖国問題　上坂冬子
これでは愛国心が持てない　上坂冬子
今は昔のこんなこと　佐藤愛子

地球温暖化後の社会　瀧澤美奈子
歌舞伎町・ヤバさの真相　溝口 敦
潜入ルポ ヤクザの修羅場　鈴木智彦
農民になりたい　川上康介
農協との「30年戦争」　岡本重明
冠婚葬祭でモメる100の理由　島田裕巳

(2011.10) C

文春新書好評既刊

…正
…場の経営責任
明かされる「山一・長銀破綻」の真実

山一の社内調査委員会で経営責任を追及し、長銀事件で経営陣を国策捜査から救った弁護士。自らの秘録を通じ、金融システムを問う　825

…仁
…ットが日本を救う

「ガラパゴス化」と揶揄される日本のモノづくりだが、起死回生の力を秘めているのがロボット産業である。その開発最前線を追う　818

…良三
…経入門
…がギリシア悲劇を読んだら

易によってギリシア悲劇を読み解くことは可能なのか。東西二大古典との対話を通じて、知らぬ間に易経の世界に親しめる最良の入門書　820

浜　矩子《のりこ》
ユニクロ型デフレと国家破産

グローバル恐慌以降、依然猛威をふるう「新型デフレ」。その危険な正体と、負の連鎖を断ち切るための〝画期的処方箋〟を指し示す　759

神谷《みたに》秀樹
ゴールドマン・サックス研究
世界経済崩壊の真相

『強欲資本主義　ウォール街の自爆』の著者が自ら在籍した経験から、ゴールドマン・サックスのビジネスと生態、彼らの思考法を明かす　780

文藝春秋刊